作者简介

张凌，1981年8月生。本科毕业于广州暨南大学数学系获管理学学士学位，2004年毕业于英国拉夫堡大学信息与知识管理专业，获管理学硕士学位，2010年毕业于武汉大学管理科学与工程专业，获管理学博士学位。研究方向为知识管理、信息经济。现任教于武汉科技大学管理学院。在国内外重要学术期刊及国际会议上发表论文十余篇。

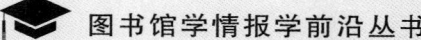
图书馆学情报学前沿丛书

The Expression and Sharing of Tacit Knowledge Based on Cognitive Map

本书系湖北省教育厅人文社会科学研究项目"基于认知地图的隐性知识表达与共享研究"（项目编号：2011JYTQ151）最终成果

基于认知地图的隐性知识表达与共享

张 凌 著

WUHAN UNIVERSITY PRESS
武汉大学出版社

图书在版编目(CIP)数据

基于认知地图的隐性知识表达与共享/张凌著. —武汉:武汉大学出版社,2011.11
图书馆学情报学前沿丛书
ISBN 978-7-307-09281-5

Ⅰ.基… Ⅱ.张… Ⅲ.知识学—研究 Ⅳ.G302

中国版本图书馆 CIP 数据核字(2011)第 213715 号

责任编辑:易 瑛　　责任校对:黄添生　　版式设计:马 佳

出版发行:**武汉大学出版社**　（430072　武昌　珞珈山）
　　　　　（电子邮件:cbs22@whu.edu.cn 网址:www.wdp.com.cn）
印刷:武汉中远印务有限公司
开本:720×1000　1/16　印张:16.25　字数:231 千字　插页:3
版次:2011 年 11 月第 1 版　　2011 年 11 月第 1 次印刷
ISBN 978-7-307-09281-5/G·2294　　　定价:32.00 元

版权所有,不得翻印;凡购买我社的图书,如有质量问题,请与当地图书销售部门联系调换。

序

马费成

武汉大学信息管理学院教授,博士生导师,本书作者导师

21世纪是知识经济时代,知识作为生产要素的地位得到了巨大提升。知识经济时代带来的是急剧的变革,作为经济、社会的一个最重要的组织——企业,首先感知了这种变革。现代企业在变革中通过知识来创造竞争优势。企业及其管理者越来越重视协作和学习在决策中的作用。因此,如何更好地利用知识尤其是隐性知识来提高决策的知识含量,形成科学的决策,是所有企业及其管理者都十分关心的问题。鉴于隐性知识的价值及其在企业中各个部门和各个环节普遍存在,隐性知识的管理和利用正成为人们关注的热点和前沿,同时它也是一个非常困难的课题。

本书作者积极探索,阐述了一种新的隐性知识管理的工具、流程与体系——认知地图。希望通过这样一套新的工具、流程与体系的建立,实现组织内部个人隐性知识向显性知识的转化,只有实现了这种转变,才能够实现"人走知识留"的期望状态,只有实现了这种转变,才能够在真正意义上实现未来工作从依赖个人能力向依赖组织能力的转变。同时,由于中国的历史及文化传统,中国人一般喜欢非正式和隐喻式的交流形式,认知地图可以说是切合了中国人的交流习惯和中国的知识管理现状。本书对于国内企业进行知识管理,帮助企业提高决策效率,继而提高竞争力,具有重要的理论价值和实践意义。

在日常工作与生活中,人们习惯于从现象的因果联系中寻找存在于事物间的关系。从因果关系出发,分析各因素之间构成的因果反馈环，才能从纷乱的现象中找出发生这些现象的内在原因和形成机制。认知地图正是具有了阐述因果关系的特点，与概念地图、语义网络、思维导图、知识地图等工具不同，除了与知识表达与共享有关，还能通过计算得出决策结果。

　　本书运用了不同学科知识，尤其是认知心理学等知识开展隐性知识的管理研究，对我国企业管理决策的方法进行了有益的探索。在介绍认知地图进行隐性知识的表达与共享基础上，提出了认知地图的四个维度解析方式——意义维度、范畴维度、途径维度、分析维度。针对目前国内外知识管理中隐性知识相关术语的理解尚未达成共识，缺乏企业实际案例支撑，研究方法相对单一等问题，提出了自己独特的见解。综合来看，本书具有四个方面的特色。

　　一是在概括比较了已有的认知模型、工具、指标与方法等的基础上，结合图论、社会网络分析法、ANP方法、仿真模型，丰富了认知地图的分析方法。从节点、箭线的隐喻，权重、回路的意义等角度全面解析了认知地图的结构，并指出了认知地图的表达视角。在比较已有的不同的认知模型、工具及分析指标基础上，确定了分析思想由定性向定量的演进趋势。而后筛选出内容/结构、局部/整体两对分析维度，提出了针对内容的局部分析方法——概念网络分析和针对结构的整体分析方法——ANP法与仿真方法。

　　二是在多学科交叉的基础上，从认知心理学角度出发，借鉴软系统方法、SODA等理论，尝试构建了一套基于认知地图的直觉决策流程。源于因果映射、扎根分析与系统动力学方法，建立了基于认知地图的隐性知识挖掘与建构的综合方法。

　　三是将认知地图作为一套体系化的工具与流程，引入大型国有企业隐性知识管理，提出了符合中国知识管理模式的具有针对性的隐性知识管理方案。并设定了特定的研究情境，选取武钢的低碳经济为例做实证，说明特定研究对象的特定研究内容即低碳经济环境下武钢集团的可持续发展问题，继而展开构建基于认知地图的直觉决策案例，灵活运用多种方法，多层次、多途径地分析了认知地图。

　　四是厘清了基于认知地图的隐性知识管理的术语，多维度解析了认知地图，提出了广义认知地图与狭义认知地图的概念。本书指出了广义认知地图的提出背景、范畴及统一方式，给出了解析针对学术隐性知识载体——科学共同体的广义认知地图实例，同时也综述了狭义认知地图在学科和方法角度的演进与发展。

实现显性知识向隐性知识的转化有许多不同的途径，是一个难度很大的研究课题，本书虽然进行了有益的探索，也取得了一些有价值的成果，但成果仅仅是初步的，还需要在吸收前人成果的基础上进一步深入研究。

作为张凌的博士导师，与她切磋交流数年，深感她勤奋好学、勇于探索，对新知识、新方法、新工具特别敏感、善于学习，并能够利用它们来解决实际问题。本书即将付梓之际，她嘱我作序，写下上述心得，表示我对她的祝贺。期待张凌今后在知识管理领域有更多的探索与研究成果。

马费成 于珞珈山
2011 年 5 月 18 日

目　录

1 导论 ……………………………………………………………… 1
  1.1 研究背景及意义 ………………………………………………… 3
    1.1.1 研究背景 …………………………………………………… 3
    1.1.2 研究意义 …………………………………………………… 8
  1.2 国内外研究现状分析 …………………………………………… 12
    1.2.1 国外研究现状 …………………………………………… 12
    1.2.2 国内研究现状 …………………………………………… 22
    1.2.3 国内外研究不足之处 …………………………………… 29
  1.3 研究内容与方法 ………………………………………………… 31
    1.3.1 研究内容 ………………………………………………… 31
    1.3.2 研究方法 ………………………………………………… 42

2 认知地图相关概念及多维度解析 ………………………………… 44
  2.1 相关概念解析 …………………………………………………… 44
    2.1.1 组织隐性知识 …………………………………………… 44
    2.1.2 心智模型 ………………………………………………… 45
    2.1.3 认知映射 ………………………………………………… 46
  2.2 相关理论基础阐释 ……………………………………………… 47
    2.2.1 建构主义理论 …………………………………………… 47
    2.2.2 知识组织理论 …………………………………………… 50
    2.2.3 直觉决策理论 …………………………………………… 52
  2.3 认知地图的多维度解析 ………………………………………… 54
    2.3.1 意义维度 ………………………………………………… 57

2.3.2 途径维度 ………………………………………… 57
2.3.3 范畴维度 ………………………………………… 57
2.3.4 分析维度 ………………………………………… 58

3 隐性知识的泛化管理——基于认知地图的意义维度 ……… 59
3.1 广义认知地图的提出 ……………………………………… 60
3.1.1 广义认知地图的提出背景 ……………………… 60
3.1.2 广义认知地图的范畴 …………………………… 62
3.1.3 广义认知地图的统一方式 ……………………… 63
3.2 广义认知地图实例——解析科学共同体的科学知识图谱 ……………………………………………… 66
3.2.1 引文时序图（Historiograph）——揭示引文联系 … 67
3.2.2 寻径网络图谱（Pathfinder Network Scaling Map）——揭示趋势联系 ……………………………… 69
3.2.3 多维尺度图谱（Multi-Dimensional Scaling Map）——揭示意义联系 ……………………………… 70
3.3 意义维度下的认知地图的微观比较 ……………………… 73
3.3.1 比较节点的隐喻 ………………………………… 73
3.3.2 比较连线的隐喻 ………………………………… 74
3.3.3 使用情境评价与总结 …………………………… 75
3.4 认知地图的演进与发展 …………………………………… 76
3.4.1 学科角度的演进与发展——从无形到有形 …… 76
3.4.2 方法角度的演进与发展——从古典到模糊 …… 78
3.4.3 狭义认知地图的特征解析 ……………………… 80
3.4.4 狭义认知地图的优越性及发展方向评述 ……… 83

4 隐性知识的表达——基于认知地图的途径维度 ……………… 87
4.1 狭义认知地图的全面解析 ………………………………… 88
4.1.1 狭义认知地图的结构解析 ……………………… 88
4.1.2 狭义认知地图的表达视角解析 ………………… 91
4.2 基于认知地图的隐性知识表达流程 ……………………… 95

    4.2.1 确定节点的来源 …………………………………… 102
    4.2.2 分解节点成为概念 …………………………………… 104
    4.2.3 连接两个相关的概念 ………………………………… 105
    4.2.4 量化相关概念的关系 ………………………………… 106
    4.2.5 对概念及概念间关系的陈述 ………………………… 107
  4.3 基于认知地图的隐性知识挖掘与建构方法 ……………… 108
    4.3.1 交互性半结构化访谈——因果映射会议 …………… 110
    4.3.2 基于扎根理论的文本编码方法 ……………………… 115
    4.3.3 认知地图与其他方法之间的关系 …………………… 116
    4.3.4 综合方法的提出 ……………………………………… 118

5 隐性知识的共享——基于认知地图的范畴维度 …………… 120
  5.1 认知地图进行隐性知识共享的理解 ……………………… 121
    5.1.1 隐性知识表达与共享的关系 ………………………… 121
    5.1.2 个人与组织的概念限定——认知共同体的引入 …… 123
    5.1.3 个人心智模型与共享心智模型
         ——共享机制的阐明 ………………………………… 126
  5.2 认知地图进行隐性知识共享的实现 ……………………… 130
    5.2.1 从单射到群射的转变 ………………………………… 131
    5.2.2 认知地图的合成与分解 ……………………………… 135
  5.3 认知地图对于隐性知识共享的意义 ……………………… 142
    5.3.1 认知地图可以帮助构建组织记忆 …………………… 142
    5.3.2 认知地图可以导向问题的解决 ……………………… 144
    5.3.3 认知地图可以促进群体知识创造 …………………… 146

6 隐性知识的再表达与再共享——基于认知地图的
  分析维度 ………………………………………………………… 147
  6.1 认知地图的分析方法归纳 ………………………………… 148
    6.1.1 已有的不同的认知模型和工具 ……………………… 148
    6.1.2 已有的认知地图分析方法与指标 …………………… 151
  6.2 针对局部的逻辑性分析方法——概念网络分析 ……… 162

6.2.1 有凝聚力的子族群（cohesive subgroup） ………… 162
6.2.2 自我网络（ego-networks）与限制力
（constraint） ………………………………………… 164
6.2.3 分级（ranking） ………………………………………… 166
6.2.4 区块模型（block model） …………………………… 167
6.3 针对整体的计算性分析方法——ANP法和
仿真方法 ……………………………………………………… 169
6.3.1 ANP法 …………………………………………………… 169
6.3.2 仿真方法 ………………………………………………… 173

7 实证研究：企业直觉决策情境下的认知地图
管理方案构建 …………………………………………………… 183
7.1 引入研究对象 ……………………………………………… 184
7.1.1 研究情境设定 …………………………………………… 184
7.1.2 研究对象说明 …………………………………………… 185
7.1.3 研究内容说明 …………………………………………… 187
7.2 基于认知地图的直觉决策案例构建与分析 …………… 188
7.2.1 基于认知地图的决策问题的定义与表征 ………… 189
7.2.2 基于认知地图的决策问题的分析 ………………… 201

8 结束语 …………………………………………………………… 224
8.1 总结 ………………………………………………………… 224
8.2 应用建议及前景展望 …………………………………… 225

附 件 ……………………………………………………………… 227
 附件一 ……………………………………………………… 227
 附件二 ……………………………………………………… 233
 附件三 ……………………………………………………… 234

参考文献 ………………………………………………………… 237

后 记 ……………………………………………………………… 249

1 导　　论

随着知识经济迅速发展，越来越多的企业注重知识管理，在知识管理的生命周期中，知识的表达与共享是非常重要也是难以实现的两个阶段，除了使用信息技术或工具将隐性知识显性化以外，如何在企业内部构建一种新的隐性知识管理工具、流程与体系，帮助企业领导快速做出决策，激发员工创新精神，鼓励员工协作共享，沉淀企业组织记忆显得意义重大。因此，本书提出了这样一种工具——认知地图，解释其如何运用以解决隐性知识的表达与共享问题。

本书对国内外相关研究进行了全面调研，继而归纳指出国内外研究不足之处，表现为：（1）对隐性知识相关术语的理解未有共识；（2）注重理论研究，缺乏实际案例；（3）研究视角泛化，但研究方法单一；（4）具有针对性的隐性知识管理方案相当缺乏。针对以上不足，本书在研究过程中遵循继承与创新相结合、理论探讨与实际应用相结合原则，采用了文献调研法、比较分析法、建构主义与实证主义相结合的方法和概念网络分析方法、ANP分析方法、仿真分析方法等一系列的定量研究方法。全书除第1章导论外共有7个章节，主要内容如下：

第2章阐述了本书的方法论与技术路线，厘清了研究术语（组织隐性知识、心智模型、认知映射），梳理了三大相关理论基础——建构主义理论、知识组织理论和直觉决策理论；提出了认知地图的四个维度解析方式——意义维度、范畴维度、途径维度、分析维度，作为理论预构建，成为下文展开论述的基础。

第3章描述了基于地图这类泛在的隐性知识管理工具，创造性地提出了狭义认知地图与广义认知地图，指出了广义认知地图的提出背景、范畴及统一方式，给出了解析针对学术隐性知识载体——科学共同体的广义认知地图实例，并从节点、连线的隐喻及使用情境进行了范畴维度下认知地图的微观比较，紧接着综述了狭义认知地图在学科和方法角度的演进与发展。

第4章介绍了基于认知地图的隐性知识的表达方法。作者从节点、箭线的隐喻，权重、回路的意义等角度全面解析了狭义认知地图的结构，并指出了狭义认知地图的表达视角。在多学科交叉的基础上，通过比较、类比、联系等思路，归纳梳理了基于认知地图的隐性知识挖掘与建构流程，共分为五个步骤。并根据因果映射、扎根分析与系统动力学方法，建立了基于认知地图的隐性知识挖掘与建构的综合方法。

第5章解释基于认知地图的隐性知识是如何共享的，作者从基于认知地图的隐性知识共享出发，提出了共享即个人认知地图向组织认知地图的转变这一观点。进而引入了认知共同体限定了个人与组织的概念，并用共享心智模型阐明了共享的机制，继而揭示了在认知共同体内怎样对共享心智模型达到一致性认同：通过群射这种促进对话共享的质性方法或者合并与分解认知地图这种数学化的技术手段。最后作者探讨了认知地图对于隐性知识共享的意义，以承上启下。

第6章作者大胆地引入了认知地图的分析维度，并将其视为对隐性知识的再表达与再共享。在综述与比较已有的不同的认知模型、工具及分析指标的基础上，确定了分析思想由定性向定量的演进趋势。而后筛选出内容/结构、局部/整体两对分析维度，提出了针对内容的局部分析方法——概念网络分析和针对结构的整体分析方法——ANP方法和仿真方法，总体上也遵循了由定性分析向定量分析的转变。

第7章是实证研究，介绍企业在直觉决策情境下的认知地图管理方案。在考察研究对象的前提下，作者设定了特定的研究情境，说明特定研究对象的特定研究内容即低碳经济环境下武钢集团的可持续发展问题，继而展开构建基于认知地图的直觉决策案例，灵活运用多种方法，多层次、多途径地分析了认知地图。

第 8 章对本书进行总结，指出研究中存在的不足之处，并对基于认知地图的企业隐性知识管理的应用前景进行了展望，对这种新方法的引入带来的组织管理问题以及通过借助信息技术达到决策智能化等问题进行了进一步探索。

1.1 研究背景及意义

1.1.1 研究背景

1.1.1.1 知识经济时代提升了知识作为生产要素的地位

自 20 世纪 90 年代初期开始，人们越来越深刻感受到信息以及知识是经济快速成长的基础，而知识更是生产力及经济成长之动力。联合国经合组织（OECD）在 1996 年科学技术和产业展望的报告中，首次提出"以知识为基础的经济"（knowledge-based economy，简称知识经济）的概念，认为依附在人力资本和技术中的知识将是经济发展的核心。在 APEC（2000）的研究中，知识经济的定义内涵更由建构在知识上的经济基础（knowledge-based），转而更积极地呈现"以知识为驱动力量带动经济成长、财富累积、与促进就业"（knowledge-driven）的特质。

在知识经济时代，经济成长的源泉是思想，而非物资生产。管理大师彼得·F. 德鲁克在其《后资本主义社会》著作中曾阐明知识（knowledge）已是一种生产的要素，而且是全球化经济环境中最重要的关键资源。他说："今后，靠制造或搬运，再也无可能大获利，即使掌握资本，也无可能赚很高的利润。现在靠传统资源——土地、劳力、资本愈来愈赚不了钱，唯一的（最起码具备的）'金主'是信息与知识。"① 随着新兴计算机和通信技术成长创新，全球经济亦产生了革命性影响，也就是"知识"使得各种想法、创意——如新技术发明、研究成果、经销模式、产品创新、

---

① ［美］彼得·F. 德鲁克（Peter F. Drucker）著，傅振焜译. 后资本主义社会 [M]. 北京：东方出版社，2009：90.

生化医学、精致农业、去生产的营销等形式，能同步传送至全世界给每一个人。

面对全球化压力的经营环境，《知识影响经济》（*The Economic Impact of Knowledge*）一书清楚地勾绘出未来企业应具备的竞争能力，将包括①：（1）增加适应性、创新、速度；（2）认识及提升日常工作中专业知识价值；（3）认识知识是生产的一个重要因素；（4）组织学习、团队合作。

各种证据已然表明，在全球化经济时代之中，一个组织的经营优劣越来越依赖于知识的存储、扩散、创新能力，知识在企业内和社会中已逐渐取代土地、资金、设备等原本企业赖以竞争的要素。以3M公司为例，该公司销售的商品超过6万种，其中30%的收益却来自推出市场不到4年的产品，3M成功的关键因素是鼓励员工把想出来的新点子应用到新产品的开发上，这样的经营方式如果没经过知识传承、扩散、创新几乎是办不到的②。

OECD的报告认为隐性知识在知识经济时代有重要意义，它运用经验，重组经验，并升华到理性认识高度，实现理智的控制能力，在人类认识的各个层次上都起着主导性的作用。

1.1.1.2　现代企业在变革中通过知识来创造竞争优势

知识经济时代带来的是急剧的变革，作为经济、社会的一个最重要的组织——企业，首先感知了这种变革。其中包括：经济格局的全球一体化、知识总量剧增、产品更新换代速度空前加快、企业的寿命问题、生产模式的根本性变化、组织形式的革命性变革、教育的变革——重视开发每个人的潜能、管理观念的变革——以人为本等③。

---

① Dale Neef, Tony Siesfeld, Jacquelyn Cefola. *The Economic Impact of Knowledge* (*Resources for the Knowledge-Based Economy*) [M]. Butterworth-Heinemann, 1998: 156.
② 许介圭. 企业知识的创新与传承 [J]. 能力杂志, 2000 (11): 76-77.
③ 蒋小雄. 创建学习型组织讲座 [EB/OL]. [2010-2-1]. http://admin.ysedu.gov.cn/webtemp/public/Webtree/asp/index/uploadfile/200652572118141.doc.

在现今的全球经济体系中,知识可能是企业最大的竞争优势。企业的策略在求胜,而要胜过竞争对手,关键因素是差异化。在最佳实务(best practice)的扩散下,以往差异化的基础如质量、成本、经济规模、顾客服务、大量广告等逐渐被其他竞争者所模仿,企业已经意识到不能再以有形资产作为差异化的基础,而应以无形资产作为差异化的本钱。对于企业来说,最重要的资产莫过于组织内的成员以及蕴含于其中的知识①。全世界有越来越多的企业尝试并重视"知识管理",如信息产业的微软、HP、Intel、IBM,这些企业都能创造知识分享的环境,建立起知识资产的价值,并且有效地达成经验传承的目的。

与此同时,为了产业升级,跨国企业大多把生产线外包至劳工成本相对低廉的国家和地区。以专业知识为主轴的研发活动,显然逐渐成为企业主要的内部功能,也最有潜力为企业提供竞争优势。另外在想法自由流通、分解技术盛行以及科技普及的现代社会中,竞争对手抄袭,甚至新产品或生产方式迅速遭到分解改良,几乎可以说是防不胜防。科技不再是能够维系的竞争优势来源,因为竞争对手可以在短时间内抄袭大部分的商品与服务形态②。但是知识的优势是一种永久性的优势,市场领导者的最新产品与服务价格、质量,最终都会被竞争对手迎头赶上,但当这样的情况发生时,具备丰富知识与进行知识管理的公司,已经自我提升到更高的境界,提供更好的质量、创意或效率。有形资源愈用愈少,知识资产则是愈用愈多,企业已经觉悟到只有知识导向,组织才能在未来具有竞争优势。

综上所述,优秀的企业都试图通过各种方法来创造知识、运用知识、管理知识,通过知识来创造竞争优势。对于大多数企业来

---

① 彭文正. 运用知识管理以提升企业竞争优势之探讨 [J]. 中华技术学院学报, 2003, 12 (29): 223-245.

② 张川裕. 国立台北大学企业管理研究所暑期实习报告 [EB/OL]. [2010-2-1]. http://ebrc.ntpu.edu.tw/ebrc/91year/% B2% A3% BE% C7% A6X% A7@/% B1R% B6V% B9% EA% B2% DF% B3% F8% A7i1.doc.

说，在生产、制造以及销售活动中都面临着知识的再利用问题。它既包括对以前积累的知识和经验的再利用，也包括一些成功经验的再利用。企业要想在短期和长期的运作中取得成功，取决于它是否能快速地获得所需知识。其中，隐性知识的交流和共享是知识创造的基础，因此，隐性知识是企业财富的最主要源泉，隐性知识的有效交流和共享成为企业知识化运营、发展的关键。因此，企业应该有意识、有目的、有系统地积累、组织、存储和重组企业的知识，强化企业记忆，建立共享和开发知识的激励机制。例如，美国Chevron公司通过共享最佳实践经验，使海外建点速度提高了一倍；休斯公司在经费削减、市场疲软的情况下，通过知识管理将隐性知识变成技术文件，帮助工程设计人员缩短产品开发时间，从而达到了降低成本的目的①。

1.1.1.3 企业及其管理者重视协作和学习在决策中的作用

随着时代的发展和技术的进步，针对显性知识的编码已经日趋成熟。尤其是内容管理系统（Content Management System, CMS）在企业中得到了充分的重视和认可，诸如政策、流程、技术手册等显性知识都得到了很好的存储和管理。现在知识员工所从事的工作越来越复杂，为了完成目标需要调用越来越庞杂的知识，进行越来越频繁的沟通。所以隐性知识仅仅个人化是远远不够的，现在更需要强调协作（collaboration）的重要性②。

协作的意义在于加强员工之间的知识流动，以便综合利用所有个体的知识来完成任务。在信息时代，随着网络技术的发展，已经很容易实现跨地域、跨时区的远程交流；而借由软件技术的发展，协作沟通和组织学习也变得易于实施。诸如讨论区（discussion forum）、聊天室（chatroom）、即时通讯（instant message），尤其是近期兴起的Blog和Wiki，都可以大大提高共享和利用隐性知识的

---

① 董小英. 运营知识 管理知识 [EB/OL]. [2010-2-1]. 中国学习型组织网, http://tongx.net/filedown/zsgl/llsj/157.pdf.

② 畅想博客. 显性知识和隐性知识相互转换的过程 [EB/OL]. [2010-2-1]. http://blog.vsharing.com/yyq123/A421560.html.

效率。隐性知识的协作共享呈现出下述路径：通过交流沟通，发现和分享彼此的隐性知识；通过谈话讨论，发掘和研究更深层次的知识；通过群体思维，激发产生新的知识。

显性知识和隐性知识的相互转换是永无止境（never-ending）、循环反复的（closed-loop）。人们利用显性知识完成工作，这同时也是学习的过程，员工可以将自己的实践经验总结成隐性知识，继而用文字的形式记载下来，并更新存在的显性知识。野中郁次郎认为，新管理的实质就是"从无序到概念"，或者说，"知识创新是一个通过隐喻、类比和模型，将隐性知识显性化的过程"①。由此可见，显性知识与隐性知识的转换是无缝闭合的，是双向流动的。正如 Nonaka 在 1994 年的著作《组织科学》（*Organizational Science*）中论及的一样，达成两者有机结合的就是——学习。

工业企业时代所谓的"创新"，是典型的以"技术发明"为核心的显性知识；相反，代表着"隐性知识"显著特征的一些东西，譬如想象力、经验、智慧、直觉，甚至是灵机一动突发奇想等，通常不会被当作创造力的源泉。但知识企业恰恰是以"隐性知识"为创造力源泉的，比如江南春创造性地发现了楼宇液晶广告的价值，而书本中永远没有这样的章节。因此，知识时代的创新常态，是隐性知识的创新，而不是显性知识的创新。比如搜狐张朝阳从江南春的创新等总结而来的"一切皆传媒"，确有公司思想和行为指导价值，显然这是隐性知识的创新；同时，隐性知识的创新大多属于几乎无需投入的"轻资产"的创新②。

在知识经济时代，企业高管在面对市场变化时的敏锐洞悉和快速反应显得尤为重要。直觉思维的创造性和动态灵活性功能以及从整体上把握问题的特性，使得直觉决策正在获得越来越多的认可，甚至成为企业适应瞬息万变的竞争和不完全信息环境的关键因素。

---

① 芮明杰.21 世纪的选择：新经济、新企业与新管理［J］.学术月刊，2004（02）：86-92.

② 《商界》3 月刊.2009 管理学五大变化［EB/OL］.［2010-2-1］. http：//www.caistv.com/html/2009-03-04/117368_2.shtml.

从知识角度来看，直觉决策是一个知识获取、运用和创新的过程。因此，如何更好地理解决策和隐性知识的关系，提高直觉决策的知识含量，造就科学的决策，是所有企业及其管理者都十分关心的问题。

1.1.2 研究意义

1.1.2.1 企业隐性知识普遍存在的现状

按照德尔菲集团（Delphi Group，1997）的研究，企业中的最大部分知识（42%）是存在于员工头脑中的隐性知识；迈克尔·波兰尼（Michael Polanyi）则认为，几乎一半的知识是不易扩散的隐性知识。在当今管理过程中，创造价值最大同时价值流失最多的也是隐性知识。如图1-1所示：

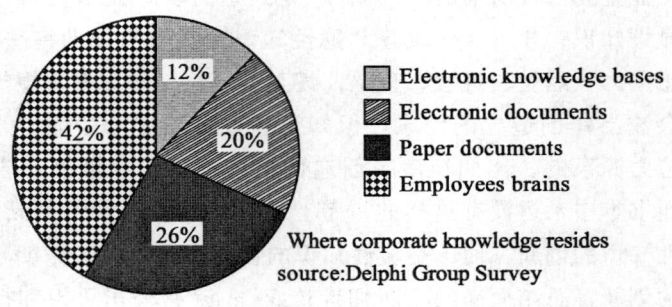

图1-1 公司知识的存在现状

Delphi Group 的报告同时显示：只有大约20%的公司知识被记录下来，其余80%的知识都是储存在员工脑袋中的经验知识。企业知识管理的目的就是将这80%的隐性知识最大程度地沉淀到企业内部，最终实现显性知识的共享与隐性知识的显性化，从而提高企业的管理水平与效益。隐性知识受到知识管理、技术创新和竞争优势等研究的较多关注，如Ambrosini等直接将其作为一种竞争和发展能力看待，从而使隐性知识管理成为知识管理的重心和落脚点。

1.1.2.2 企业隐性知识管理的重要性

波兰尼指出，默会认识本质上是一种理解力，是一种领会、把握经验，重组经验，以期达到对它的理智的控制的能力①。需要指出的是，由于人类固有的表达能力有限以及知识外显化和编码过程中的畸变效应，与企业生产相关的隐性知识往往比编码化的显性知识更完善、更能创造价值，甚至与企业的核心竞争力密切相关。企业隐性知识之所以具有发现问题并孕育着解决该问题的能力，问题的关键在于企业隐性知识的一大特性——个体性。

"隐性知识更有价值、更完善"是知识管理理论中的一个普遍的观点。由 Nonaka 和 Takeuchi 所提出的"知识创新的螺旋模型"理论和波特的组织创新的知识链理论可以看出，隐性知识从始至终都处在知识创新的关键位置上：一方面是知识创新的源泉，一方面又是知识转换的对象，甚至就是知识创新的成果②。之所以隐性知识在知识创新上具有重要性，是因为其包含了对问题出现及问题探求的许多感知与直觉，包含着许多丰富的判断和探索。如果能够激发这种隐性知识，并且通过某种机制，使隐性知识在不同的主体之间更好地流动、传递与分享，那么隐性知识就能导向问题的解决，继而转化为显性知识或者形成新的知识。所以，组织要想成功地实现组织内的知识创新，就必然要重视组织内隐性知识的治理问题。

如何激活、归纳、传播、吸收、运用更深层次的隐性知识非常重要，是企业知识管理的重要内容。隐性知识是通过实验、协作、反馈、矫正的过程，逐步实践形成的"个人惯例"，隐性知识在不断更新、升级，今天的隐性知识可能就是明天的显性知识。企业知识是有运动规律的，开展知识管理实际就是遵循知识运动的规律并采取措施来推动知识状态的转移。

企业记忆来自于隐性知识的持续集聚与释放，为了永续经营，组织必须自新的经验及记忆中学习。所谓企业记忆，是指企业对大量过去经历、实践、态度的了解与依赖。当企业的环境变化很慢甚

---

① 赵健. 默会知识导读 [EB/OL]. [2010-2-1]. http://blog.sina.com.cn/s/blog_48e06b9b0100b2hp.html.
② 吴霞. 隐性知识的管理理论和应用工具 [J]. 情报资料工作, 2005 (6): 32-33.

至不变化时,这种记忆能够帮助企业决定如何应对未来的问题①。组织若缺少知识,将失去改变及适应的能力,而缺少记忆,组织将流失具有意义的惯例及相关的故事。组织记忆可以把新经验融入组织背景中,启动所习得的反应及惯例;少了记忆,组织将无法生存。

1.1.2.3 提出了一种新的隐性知识管理的工具、流程与体系

从理论的角度看,目前,隐性知识显性化的主题正越来越强烈地受到众多领域研究者的重视,强调隐性知识显性化的重要性的最主要原因可能在于,它使极端个人化的知识经验的交流、分享成为可能,这将大大丰富人类历史文化中的非描述性知识,提高程序性知识的习得效率,从而可望彻底改变每一代人为获得隐性的非描述性、程序性知识,而不得不一再从头摸索,并难以在前人基础上积累性地发展的宿命。其次,显性化使模糊隐蔽的隐性知识成为理性认知的对象,可以对它进行操纵、分析、结构化、价值评价,有目的地运用。可以设想,隐性知识显性化研究将改变我们对自身认识过程的传统看法,成为当代人类知识管理的重要课题。

从实践的角度看,根据 AMT 的咨询经验,即使是在管理水平相当完善的国际企业内,企业管理和业务活动过程中由个人积累的隐性经验,也很少得到体系化的梳理、积累和共享。相对于隐性知识而言,人们已经有了大量可以高效治理显性知识的方法和技术,如信息治理和信息技术。但是,组织内的隐性知识却还没有被有效地治理和利用,并不能发挥出其组织内部的重要资源的应有作用。

由于隐性知识具有高度创造性,因而被视为智力资源,是企业核心竞争力的重要组成部分。但它的认知过程、鉴别标准和管理途径至今还很难把握。困难在于现代技术的知识体系和研究方法基本上是在西方逻辑分析框架里发展起来的,难以处理这种"可意会不可言传"的知识形态。而中国传统文化和技术发展中可能存在破解这一难题的重要线索和方法。一个基本的事实是:中国古代大

---

① 芮明杰.21世纪的选择:新经济、新企业与新管理[J].学术月刊,2004(02):86-92.

量技术发展和水平很高的技术实践活动，是在不具备发达的逻辑分析思维的条件下出现的。换言之，隐性知识应该在其中起到了决定性作用。同时，中国传统文化中又有对这一类知识形态的自成体系的独特理解和掌握，这是揭示隐性知识内在机理的重要思想文化基础。当然，要在传统文化背景上充分揭示隐性知识的机理和管理途径，还需做许多研究工作。

组织内部的知识管理从建立到发展较为成熟，可能要经过以下三个阶段，即"知识管理工具化"、"知识管理流程化"、"知识管理体系化"[①]。本研究提出的基于认知地图的隐性知识表达与共享，正是提出了一种新的隐性知识管理的工具、流程与体系。在心理学的图示理论和设计科学里的图解思维的基础上，认知地图作为一种编码隐性知识的工具；在借鉴软系统方法、SODA（Strategic Options Development and Analysis）理论、决策心理学等的基础上，作者梳理了利用认知地图进行隐性知识管理过程中最重要的两个阶段——表达与共享的流程；同时，紧密结合现代企业的决策环境，提出了企业直觉决策情境下的认知地图构建、合并与分析体系。

通过这样一套新的工具、流程与体系的建立，作者致力于实现组织内部个人隐性知识向显性知识的转变，只有实现了这种转变，才能够实现"人走知识留"的期望状态，并且，只有实现了隐性知识向显性知识的这种转变，才能够真正实现未来工作从依赖个人能力向依赖组织能力的转变。中国企业实施知识管理非常强调"实用"，希望短期就能看到具体收益。同时，基于中国的历史及文化传统，中国人一般喜欢非正式和隐喻式的交流形式，认知地图是切实符合了中国的知识管理现状。

在本书的基础上，我们希望达到如下愿景：传递最佳实践，促进隐性知识和显性知识的转换，提高决策效率，继而提高竞争力，

---

① 袁磊. 我理解的知识管理之六：组织内部进行知识管理的三个台阶[EB/OL]. [2009-9-21]. http://www.amteam.org/k/KM/2009-8/626232.html.

做好成功经营的有效复制。

1.2 国内外研究现状分析

1.2.1 国外研究现状

1.2.1.1 对研究对象的演进式认知

知识是一种经验。历史上一些哲学家,如卢梭(Jean Jacques Rousseau,1712—1778)认为知识是一种经验,起源于智慧的思想。并认为经验可以分为直接、间接和内省的三种经验,这里实际上提出了知识可分为"显性"和"隐性"两种。

(1)知识的层次。日本学者野中郁次郎、竹内弘高在《知识创造型公司》中又在显性和隐性两类知识的基础上将知识细分为四个层次(如表1-1所示):

表1-1　　　　　多个层次的显性和隐性知识

	个人层次	团队层次	企业层次	企业外部
显性知识	可以描述的个人知识	团队资源的分配规则	企业的生产计划方法	合作伙伴的产品专利
隐性知识	个人的能力、经验、经历、技艺	工作班组的协作技能	企业文化、精神、价值观	客户和合作伙伴的内在需求

(2)共同知识。共同知识是知识管理中不可或缺的关键因素之一,Grant(1996)认为知识的扩散有赖于共同的知识。共同知识包含所有组织成员共同的知识元素,类似Nonaka和Takeuchi(1995)的"冗余"(redundancy),亦即超过组织成员运作所需求的信息,使个人能进入他人的功能疆界。Grant(1996)将共同知识的形式分为五个层次:语言、符号沟通的其他形式、专门知识的共通性、共享的意义、认识个别的知识领域。

对于隐性知识的概念，不同的学科领域有不同的解释。对于隐性知识的研究，最早是英国物理化学家和哲学家迈克尔·波兰尼（Michael Polanyi）——"隐性知识之父"——从认识论角度用一句经典的话作了概括："我们所认识的多于我们所能告诉的。"具有丰富的哲学意味。按波兰尼的观点，隐性知识或者隐性认识是人类所有显性知识的"向导"和"主人"①，可见其重要性。

克莱蒙特（Clement, J.）在实验的基础上将缄默知识（即隐性知识）划分为"无意识知识"（unconscious knowledge）、"能够意识但不能言语表达的知识"（conscious but non-verbal knowledge）、"能够意识并且能够言语表达的知识"（conscious and verbally described knowledge）②。

美国著名的心理学家斯滕伯格（Robert J. Sternberg）认为，隐性知识是程序性的，可以采用"如果<条件>——那么<行动>"的形式来表述，即"如果<先决的条件>那么<随之发生的行动>"③。

以色列学者 Miriam Mevorach 以上述斯滕伯格对隐性知识的认识为理论框架，以学前教育和基础教育为案例，进行了隐性知识测试问卷的开发和测量，从而加深了对隐性知识的理解④——他认为，隐性知识具有三个方面的内涵：（1）自我交互；（2）与他人交互；3）与任务交互。与之对应，隐性知识的学习要经历三个截然分野却又时序渐进的过程：（1）选择性编码；（2）选择性组合；

---

① 肖广岭. 隐性知识、隐性认识和科学研究[J]. 自然辩证法研究，1999（8）：18-21.

② Clement, J.. Use of Physical Intuition and Imagistic Simulation in Expert Problem Solving, see Trrosh, D., ed., *Implicit and Explicit Knowledge: an Educational Approach* [M]. Norwood and New Jersey, Ablex Publishing Corporation, 1994: 227-242.

③ Robert J. Sternberg, et al. *Practical Intelligence in Everyday Life* [M]. New York: Cambridge University Press, 2000: 89.

④ Miriam Mevorach. How to Succeed in Kindergarten and School [R], Division C: Section5: Cognitive, Social, and Motivational Processes, The American Educational and Research Association Meeting 2001, 7/31/2001.

(3) 选择性比较。

澳大利亚麦克夸利大学（Macquarie University）计算机系的两位学者 Debbie Richards 与 Peter Busch 侧重于借助计算机技术来模拟研究隐性知识。同样基于斯滕伯格等人的理论，他们首先对隐性知识进行测试，然后根据形式概念分析（Formal Concept Analysis）方法对被试差异进行建模和比较，把数据可视化，进而结构化地分析隐性知识①。虽然上述研究是初步的，但他们为测试与表征隐性知识提供了一种技术手段，进而为挖掘、分析与利用隐性知识提供了一条新途径。

从管理学角度探讨隐性知识，涉及组织和个人两个层面。从"组织"视角出发的主要有温特（Winter）、尼尔逊（Nelson）、斯班德（Spender）等学者，他们基于对企业核心能力的研究，认为企业内部存在着隐含性的组织知识。一些组织理论研究者则进一步扩展了隐性知识的内涵：Brown 和 Duguid 认为组织的核心竞争力不仅取决于显性知识，更取决于组织的隐性知识的应用②；Nelson 和 Winter 从公司的角度出发，认为隐性知识发展于组织的内部沟通流程③。总之，企业隐性知识是指存在于员工个体和企业内各级组织（团队、部门、企业级等）中难以言明和模仿、难以规范化、不易交流与共享、不易被复制或窃取、尚未编码和显性化的各种内隐性知识，同时还包括通过流动与共享等方式从企业外部有效获取的隐性知识④。

---

① Debbie Richards, Peter Anthony Busch. Measuring, Formalizing and Modeling Tacit Knowledge [R]. International Congress on Intelligent Systems and Applications (ISA2000) December 12-15 2000 (Accepted).

② Tua Haldin-Herrgard. Difficulties in Diffusion of Tacit Knowledge in Organizations [J]. Journal of Intellectual Capital, 2000, 1 (4)：36-38.

③ Jon-Arild Johannessen, et al. Mismanagement of Tacit Knowledge：the Importance of Tacit Knowledge, the Danger of Information Technology, and What To Do About it [J]. International Journal of Information Management, 2001, 21：16-17.

④ 张庆普，李志超. 企业隐性知识的特征与管理 [J]. 经济理论与经济管理，2002（11）：47.

从"个人"视角出发的主要有两位代表人物——德鲁克和野中郁次郎，他们是从个体属性来认识隐性知识的——德鲁克认为，隐性知识主要来源于经验和技能，是不可用语言来解释的，只能被演示证明其的存在性，学习的唯一方法是练习和领悟①；野中郁次郎也认为，隐性知识是高度个人化的知识，很难规范化也不易传递给他人，在涉及个人信念、世界观、价值体系等因素的同时，它主要隐含在个人经验中②。他同时特别强调隐性知识和知识环境对于企业知识创造和共享的重要性。另外，他在 OECD 的知识分类的基础上还提出了隐性知识与显性知识的转化关系③，如图 1-2 所示。

1.2.1.2 对隐性知识管理策略、模型、流程与方法的认识

组织在知识转移的过程中，依照知识的本质，Hansen（1999）等人则从实务管理中将知识策略区分为以计算机技术为中心的系统化（codification）策略（显性策略）与注重内隐沟通的个人化（personalization）策略（隐性策略）。而针对知识在组织中扩散的策略方面，Nonaka & Takeuchi（1995）将知识散布分成"由上而下"与"由下而上"两种管理策略——前者中，高阶主管是主要知识的创造者；后者则多鼓励员工发挥自身创意，而高阶主管则退居成为支持者的角色。同样地，Garavelli, A. C. 和 Michele Gorgoglione 认为知识转移将不可忽视地依赖两个重要的认知过程——代码化（codification）和解释（interpretation），并提出了标示这两个认知过程的知识转移过程图④。

---

① 张庆普，李志超. 企业隐性知识的特征与管理 [J]. 经济理论与经济管理，2002（11）：47.

② 张庆普，李志超. 企业隐性知识的特征与管理 [J]. 经济理论与经济管理，2002（11）：47.

③ 万涛，孟凡强. 知识管理与知识转化 [J]. 环球企业家，2002（10）：8-12.

④ Garavelli, A. C., Michele Gorgoglione, Barbara Scozzi. Managing Knowledge Transfer by Knowledge Technologies [J]. Technovation, 2002 (22): 269-279.

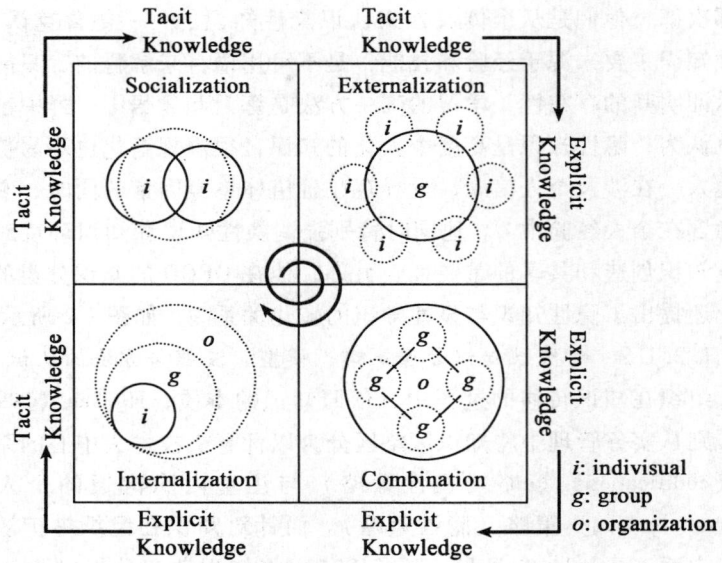

图 1-2　知识转换螺旋的演进与自我超越（self-transcending）过程图①

野中郁次郎的知识创造理论有三个构面与一个准构面，分别为"认识论"、"本体论"、"时间与活动"以及"有利的组织情境"。其中，"认识论"建立了基于内隐知识与外显知识，以及随之组合而成的四种知识转换类型——社会化（socialization）、外化（externalization）、结合（combination）、内化（internalization）；"本体论"将知识创造区分为个人、团队、组织到跨组织间；"时间与活动"分为五阶段——分享内隐知识、创造观念、确认观念、建立原型、跨层次的知识扩展；"有利的组织情境"提出了五种有利于知识创造的状况：意图、自主权、波动/创造性浑沌、重复、多样才能。以上这四个构面共同组成所谓的"组织知识创造过程模式"。SECI 过程构成了知识创造的螺旋式上升，而外化和内化过程

---

① Nonaka, I., Konno, N.. The Concept of "Ba" [J]. California Management Review, 1998, 40 (3): 40-54.

是实现知识螺旋式上升的关键步骤①。

德裔学者冯·科若赫提出了促使隐性知识显性化的五步骤和五策略,五步骤有——形成知识愿景、安排知识谈话、刺激知识活动、创造适合环境、个人知识全球化;五策略分别为——分享隐性知识、创造新概念、验证提出的概念、建立基本模型、显现和传播知识,这些思想均反映在他的经典著作《使知识创造成为可能:如何揭开隐性知识之谜与释放创新的力量》之中②。

Szulanski 等认为,知识转移的发生是基于一定的情境的从知识源单元到接受单元的信息传播过程③。类似地,Vito Albino 等人提出的知识转移分析框架包括四个核心要素:转移情境(context)、转移主体(actors)、转移媒介(media)、转移内容(content)④。Holsapple,C. W. 和 Singh,M. 认为企业知识链(K-Chain)的"产出"表明是各个阶段的知识"学习"活动的结果,并提出了一个系统的知识链概念模型⑤。

勤业管理顾问公司(Arthur Andersen Business Consulting,2000)提出知识共享公式:$KM = (P+K)^s$,这个公式所要表达的是:组织知识的累积,必须通过科技将人与信息充分结合,而在分享的组织文化下达到乘数的效果。因此,企业导入知识管理计划时,应一并考虑知识策略的定位、流程再造、组织文化塑造、企业

---

① Ikujiro Nonaka, Ryoko Toyama, Noboru Konno. SECI, Ba and Leadership: a Unified Model of Dynamic Knowledge Creation [J]. Long Range Planning, 2000 (33): 5-34.

② 冷晓彦. 企业隐性知识管理国内外研究述评 [J]. 情报科学, 2006, 24 (6): 946-947.

③ Szulanski G.. Exploring Internal Stickiness: Impediments to the Transfer of Best Practice within the Firm [J]. Strategic Management Journal, 1996, 17 (2): 27-43.

④ Albino V., Garavelli, A. C.. Schiuma G. Knowledge Transfer and Interfirm Relationships in Industrial Districts: The Role of the Leader Firm [J]. Technovation Journal, 1998, 19 (1): 53-63.

⑤ Holsapple, C. W., Singh, M.. The Knowledge Chain model: Activities for Competitiveness [J]. Expert Systems with Applications, 2001 (20): 77-98.

变革等，进行策略性的思考与流程的改善，这样才能使建立的知识管理系统发挥预期的效益。

　　Noha, J. B. 等学者在隐性知识管理的研究中，基于案例库，用推理方法，通过描绘专家的认知地图，在不同的应用中获取过去的经验和知识能力，可以快速检索获取专家的隐性知识①。Kaj U. Koskinen 和 Hannu Vanharanta 认为知识获取的途径可以产生于 SECI 知识转化与创新模型中内化与社会化这两个环节，他们提出通过面对面非正式交流和行动学习法来获取隐性知识②，同时指出共同语言体系、相互信任和接近度是影响组织或项目团队共享隐性知识的主要因素。Thomas 和 Heights (2002) 提出了一种用讲故事的方式实现并促进隐性知识共享的方法并进行了实证。

　　Bonora 和 Revang 将知识建构在组织而非个人身上，以降低对专业人员个人的依赖，Bonora 和 Oivind 提出以下三种减少对个人依赖的策略：(1) 知识扩散；(2) 萃取知识与技能；(3) 机构化。Gilbert & Gordey-Hayes (1996) 认为当组织认知到组织内缺乏某种知识时，便产生"知识的落差"(knowledge gap)，因此需要将知识引进或转移进来。Gilbert & Gordey-Hayes 提出知识移转五阶段模式，分别为取得、沟通、应用、接受与同化。Neslihan Aydogan (2004) 等提出两种组织形态可以实现知识的转移：一是空间集聚；二是知识互补。

　　Davenport & Prusak (1998) 认为知识的转移，主要包括传达与吸收两个因素，即知识的转移需考虑知识传达者的效率与知识接收者的吸收程度。他们提出一些组织内促进知识交流的方式，如茶水间的对谈、知识展览会、师徒制及故事、录像带。他们进一步提出了企业内部的"知识市场"理论以解释企业隐性知识的转化。

---

　　① Noha, J. B., Leeb, K. C., J. Kimc, J. K., et al. J. K. Leed, S. H. Kima. A Case-based Reasoning approach to Cognitive Map-driven Tacit Knowledge Management [J]. Expert Systems with Applications, 2000 (19): 249-259.

　　② Kaj U. Koskinen, Hannu Vanharanta. The Role of Tacit Knowledge in Innovation Processes of Small Technology Companies [J]. Production Economics, 2002 (80): 57-64.

OECD 研究指出，劳动力流动是传播隐性知识的最佳机制——正如知识流动很大程度上取决于市场的作用，即存在买方和卖方并且他们讨价还价以寻求双方满意的价格，在企业内部也存在一个"知识市场"①。

Hendriks 认为信息技术对知识共享动机有直接与间接的影响，分别视为保健因素与激励因素，信息技术具有去除时间和空间障碍、提供信息以至知识获取信道、改进流程、存储知识等四项优秀功能②。Barrett 等通过对一系列支持知识共享技术的案例分析，探讨了如何通过对信息技术的支持和知识共享背景的管理来促进知识共享活动开展的问题③。

在知识共享的方法方面，Nonaka 在知识螺旋理论中对隐性知识的传播有深入的分析，他认为隐喻、模拟和模型可帮助公司其他成员利用隐性知识；Mascitelli（2000）也认为隐喻、模拟和模型可引导人的思考，传达隐性知识；而 Swap 等（2001）在回顾一百多篇管理及认知心理学的报告后，认为隐性知识通常经由非正式的学习，说故事及师徒制是两个将隐性知识内化（internalization）及社会化（socialization）的最有效方式。

斯图尔特认为，隐性知识的共享不一定非要显性化才能实现——通过构建包含个人兴趣的用户档案（user profile）来承载个人的隐性知识，促进其自主学习并传播，即可实现隐性知识的共享。Sam Friedman 认为企业难以仅仅经由电话和会议这种知识共享的渠道来充分实现知识共享的效果，因为其限制了交流与交谈的形式——内联网和定制化的搜索引擎将会提升知识共享的效果，因为

---

① 谭可欣. 企业隐性知识管理研究述评 [J]. 技术经济与管理研究, 2007 (5): 76.

② Hendriks. P.. Why share Knowledge? The Influence of ICT on Motivation for Knowledge Sharing [J]. Knowledge and Process Management, 1999, 6 (2): 91-100.

③ Barrett, M., Cappleman, S., Shoib, G., et al. Learning in Knowledge Communities: Managing Technology and Context [J]. European Management Journal. 2004, 22 (1): 1-11.

每个人都可以在需要时获得知识①。IBM 公司的 Thomas 和 Heights 提出了一种用讲故事的方式实现并促进隐性知识共享的方法并进行了实证②。Nancy Dixon 认为企业知识应该多渠道共享,共享知识的方法包括收集教训、建立黄页、职位轮换等——这些方法使得个人和团队能够通过合作快速找到问题的解决方案、减少重复的努力并创造新的知识③。另外,通过群组软件、Internet/Intranet、企业外部网络、群组决策支持系统、电子视讯会议、电子实务社群、聊天室及知识地图等也可实现隐性知识的共享④。

除了以上所提的知识分享途径与媒介之外,我们一般常见到的传递途径中还有有利于成员分享隐性知识的环境,例如讨论空间——知识分布图、群组软件等:知识分布图不包含知识内容,非记载明确数据的数据库,而是一种指南、索引(Davenport & Prusak,1998)。而群组软件则是建立在沟通服务的基础上,让群体可经由在线会议(online meetings)、共享白板(shared white boards)、讨论组(discussion groups)以及目录服务(directory services)等进行沟通。建立在沟通服务的基础上,群组软件就是我们所熟知的合作服务工具,而其中最知名的软件就是 Lotus Notes。

温迪·布克威茨和鲁思·威廉斯在其著作《知识管理》中论及了隐性知识及其传递方法,他们指出潜在知识在人和组织间的转移的最好办法不是通过数据库,而是通过人际关系——要用"感性的"方法才能使其在全组织内得以传递——也就是"感性的"知识。具体来讲,针对还没有显性化的隐性知识可以通过专业配置人员和访谈专家来实现传递;针对无法显性化的隐性知识,"讲故

---

① Sam Friedman. Knowledge Sharing Gives Agents an Edge [J]. National Underwriter,1999,103(19):9.

② 赵涛,曾金平. 企业隐性知识流动状态扩展模型分析 [J]. 科学学研究,2005,23(4):536-539.

③ Nancy Dixon. The Neglected Receiver of Knowledge Sharing [J]. Ivey Business Journal,2002,66(4):35-40.

④ 邢艳云,武忠. 企业隐性知识共享方法与工具研究综述 [J]. 现代情报,2008,28(7):196-199.

事"是很好的办法。另外,编制组织网络能促进潜在知识的传递,参考方法有导师制度、带薪休假、交流项目和实习制度、临时项目组、培训计划、游戏式无议程会议等。

根据 AMT 的经验,隐性知识的提炼和共享,必须导入各类工具才能得以实现。不同的工具,针对两种不同类型的隐性知识,在不同的业务和管理领域有其特定的适用性。AMT 介绍并推广了几种常见的管理工具:AAR(After Action Review,译为"行动后总结")、协同写作、警示系统、导师制、专家黄页、同行帮助、实践社区(COPs)、内部演讲。

惠普作为知识管理实践的优秀代表,通过 IT 手段开展了基于网上讨论库的产品知识汇总以及时传播、基于专家地图网络的头脑隐性知识管理、基于工艺流程技术和管理方法的全球生产机构管理、基于网络论坛的共享观念和文化建设,以及基于自动化用户咨询的交易服务知识管理等一系列最佳实践[①]。除此之外,惠普公司还通过 IT 手段以外的制度对隐性知识进行管理,产品定义、科研记录本制度就是其中的例子。

1.2.1.3　对一种隐性知识管理研究方法——社会网络分析的探究

2000 年,社会网络分析作为一项知识管理实践由 IBM 知识基础组织学院(IBM Institute for Knowledge-Based Organizations,IKO)首次提出。IBM 的研究者们在进行了"运用社会网络分析(SNA)改进知识创造和分享"的相关研究后认为,社会网络分析可以在促进信息、知识的有效流动方面,识别组织中的核心人物和边缘人物以及辨识某一小组与整个网络的关系,判断其与整个组织的知识和信息的交流、分享情况。

文聘塔斯(WenpinTasi,2001)通过自己的实证调查指出,在组织内部的知识转移中,网络位置影响新知识的吸收能力和业务单位的创新和绩效。安克拉姆(Patti Anklam,2003)在企业知识管理权威期刊《知识管理》上发表观点,认为社会网络分析是支撑

---

① 杨楚欣.思达软件公司隐性知识管理策略研究 [D].中南大学硕士学位论文,2007:78.

战略知识管理的强有力的诊断工具①。Rulke、Zaheer（2000）等的研究表明关系型交流渠道要比非关系型交流渠道更容易传递知识。

1.2.2 国内研究现状

1.2.2.1 对隐性知识产生环境与获取途径的探究

赵健在《默会知识、内隐学习与学习的组织》一文中从论述默会知识对于学习研究的哲学价值开始，探讨了哲学、人类学和心理学在默会知识及获得机制上的一些共识，在反思默会知识显性化观点（波兰尼的"辅助意识"即寓居的隐喻、莱夫的"合法的边缘参与"的隐喻、布朗与杜基德的"偷窃知识"的隐喻）基础上，论述了学徒制、认知学徒制和实践共同体等学习组织模式对于默会知识生成和内隐学习的意义②。

若依照知识传递的形式，则可区分成"正式的"与"非正式的（自发性的）"策略：如表1-2（段翰文，2000）所示：

表1-2　　　　　　　　知识转移策略

	动态	静态
正式的	联络人员 研讨会 训练 产品生产 知识展览会	技术报告 业务手册 专业知识 研讨资料 顾客资料
自发性的	聊天	故事

高湘萍从心理学角度提出三种个体隐性知识显性化的途径：过程回忆、情境模拟和内省③。她认为，个体通过上述方法了解自身

---

① Patti Anklam. KM and the Social Network [J]. KM Magazine, 2003 (8): 24-28.

② 赵健. 默会知识、内隐学习与学习的组织 [J]. 全球教育展望, 2003 (9): 41-45.

③ 高湘萍. 隐性知识的获得及其显性化的心理途径 [J]. 全球教育展望, 2003 (8): 23.

易于显性化的隐性知识，个体对显性化的心理准备以及对自身隐性知识的敏感性两个因素影响了显性化效果。

梁启华认为隐性知识转移的主要渠道是非正式的关系网络他指出，空间集聚的机理源于隐性知识的互补、衍生、转化以及组织学习，其规模和强度取决于隐性知识的互补性，而隐性知识的互补性将导致知识转移与共享的可持续①。

韦于莉认为，隐性知识获取之困难处，在于怎样恰当地把握领域专家所使用的概念、关系以及问题求解的方法，她将获取方法大致分为心理学方法、技术方法、管理方法②。夏德和程国平的研究则更加细化，将隐性知识分为表象、灰色、白化三类，在此基础上分别提出了现场观摩、体验、事实统计、相关性分析、因果判断、提炼定型、重复实验、传帮带并辅之以统计等方法③。王君等人提出了一种基于 Multi-Agent 的组织知识获取模型框架，并给出了该模型中实现知识获取的知识集结方法及关键技术④。

王娟茹把隐性知识共享分为三种关键机制——组织机制、沟通机制和团队运作机制。同样地，郭强提出了隐性知识显性化的共同体化机制，他认为，不同的小群体式的企业员工共同体的产生给员工隐性知识的显性化提供了活性机理⑤；吴迪则通过场效应在知识共享过程中的作用机理的分析，提出了"知识场"的概念，并阐述了组织中认知性知识与行动性知识的共享过程，以及运用场效应理论实现组织知识共享的模式⑥。

---

① 谭可欣.企业隐性知识管理研究述评 [J].技术经济与管理研究，2007（5）：76.

② 韦于莉.知识获取研究 [J].情报杂志，2004（4）：41-43.

③ 夏德，程国平.隐性知识的产生、识别与传播 [J].华东经济管理，2003（12）：47-49.

④ 王君，樊治平.一种基于 Multi-Agent 的组织知识获取模型框架 [J].中国管理科学，2004（2）：41-45.

⑤ 谭可欣.企业隐性知识管理研究述评 [J].技术经济与管理研究，2007（5）：76.

⑥ 吴迪.场效应理论与知识共享过程分析 [J].上海管理科学，2005（6）：38-40.

1.2.2.2 对隐性知识管理模型的研究

无论是企业界还是学界，SECI模型（Nonaka，1991）当之无愧是最具影响力的知识转化模型。对企业隐性知识转化模型的研究虽然蔚然大观，但或多或少地受到野中郁次郎的影响。

比如，陈亚非从实践的观点出发，对知识创造螺旋作了修正与补充。把知识区分为个别知识和一般知识，社会化即从个别隐性知识到一般隐性知识，外在化即从一般隐性知识到个别显性知识，结合化即从个别显性知识到一般显性知识，内隐化即从一般显性知识到个别隐性知识。上述几个基本环节或阶段之间的跃迁，都必须以实践的向前推移为基础。

陈晔武参照 Nonaka 的 SECI 模型的思路提出相应的用"S""E""C""I"模型来表示竞争性和超竞争性两类隐性知识之间的转换过程①。他认为竞争的隐性知识相对于超竞争的知识而言是"显性"的，知识的转化首先通过隐性知识的"S""E""C""I"模型这样一个知识螺旋的运动过程，然后通过知识转化的 SECI 运动过程，完成从企业的超竞争的知识→竞争的隐性知识→显性知识的转化过程，知识的创造与转化是一个不断上升的双重螺旋运动过程。

隐性知识管理一般规律还可以从知识增长与转化过程的角度出发来考察，熊德勇等人提出了知识发酵模型以解释组织学习中的大部分知识活动的内在机理②。汤超颖和周寄中从"隐性技术知识（TTK）吸收"对于企业技术学习的战略意义出发，提出了企业隐性技术知识吸收的理论模型③。张庆普等从知识转化的维度出发，提出了包含企业内部各层次和企业内外部之间的企业隐性知识转化

---

① 陈晔武，朱文峰.企业隐性知识的分类、转化及管理研究［J］.情报杂志，2005（3）：96-98.

② 熊德勇，和金生.SECI过程与知识发酵模型［J］.研究与发展管理，2004（2）：14-19.

③ 汤超颖，周寄中，刘腾.企业隐性技术知识吸收模型研究［J］.科研管理，2004（7）：41-50.

模型①。张成考等根据知识链的构成要素,设计性地提出了虚拟团队的知识交流、转化互动与创新三大模型,并进行了知识转化与互动性模型以及知识创新模型的相关性研究②。张生太等人针对隐性知识的特征及其传播特点进行数量化,应用系统动力学方法,从改进隐性知识传播效率出发,分析了影响组织隐性知识传播的微分动力学模型中渐近解的主要参数控制③。同样,卢兵建立了组织间隐性知识转移的微分动力学模型,并在此基础上分析了主要参数包括调入率、退出率、接触率、遗忘率对组织间隐性知识转移的影响。

知识流、知识链等概念的提出表明,现今的知识管理越来越倾向于对流程的管理。汪应洛和李勖通过分析两个不同主体之间知识的转移过程,创造性地提出了知识转移过程存在着语言调制及联结学习两种方式④,并由此认为隐性知识可分为真隐性知识与伪隐性知识。在汪应洛的基础之上,李伟进一步完善后提出两主体间伪隐性知识转移的语言调制模型和真隐性知识转移的联结学习模型。杨德林等认为知识转化与共享的重要途径是有效的知识表达,他采用"公理设计"的方法建立了一种概念开发过程中产品知识表达的方法模型。赵涛、曾金平以具体业务流程为主线,基于时间维、实体维及逻辑维构建了企业隐性知识流动态扩展模型,该模型描述和解释了隐性知识在企业中的运行机制,有助于进一步了解企业业务流程中的隐性知识的存在形态⑤。王娟茹、赵嵩正等基于本体论的角度提出了隐性知识共享的 ITEI 模型,即企业中隐性知识共享可以

---

① 张庆普,李志超. 企业隐性知识流动与转化研究 [J]. 中国软科学,2003 (1): 88-92.

② 张成考,聂茂林. 虚拟团队的知识创新与互动性研究 [J]. 软科学,2004 (5): 75-78.

③ 张生太,李涛,段兴民. 组织内部隐性知识传播模型研究 [J]. 科研管理,2004 (7): 28-32.

④ 汪应洛,李勖. 知识的转移特性研究 [J]. 系统工程理论与实践,2002 (10): 8-11.

⑤ 赵涛,曾金平. 企业隐性知识流动状态扩展模型分析 [J]. 科学学研究,2005,23 (4): 536-539.

看作个体、团队、企业和企业间在同一层面和不同层面的共享①。鲁强和陈明提出和定义了团队知识共享模型，并定义了操作语言来实现模型原型的功能，即将分散在 Internet 上的个人知识作为知识库，并以应用本体和领域本体将个人知识链接映射到项目中②。

不同于系统动力学建模与公理化设计，建立在企业与员工双方均是理性主体的假设之上的博弈方法也是研究主流。学者司训练从政策设计原则出发，分析了企业与员工在隐性知识显性化进程中的博弈过程，提出了一个动态重复博弈模型，探讨了两个主体最佳博弈策略的选择。杨洵运用博弈理论分析了隐性知识传播者、学习者和企业这三方在不同条件下于知识交流和共享过程中的各自收益情况，他认为知识共享的关键取决于高位势知识个体扩散其个人知识的意愿和能力。陶洪分析了隐性知识共享过程中可能出现的博弈类型发现，为推动组织隐性知识的共享，应该积极采取增加组织成员对知识共享的预期效用、避免组织成员的短期行为、建立高效的沟通渠道等措施③。

社会网络分析方法同样被用于诸多的隐性知识管理研究。例如，成桂芳分析了形成于知识团体间的复杂的虚拟企业知识协作网络，并建立了基于虚拟企业的某种隐性知识传播的知识协作无标度网络。王平采用同样的人际网络视角，分析指出社会网络结构、网络中的制度文化因素、人力资源活动及流动、联系渠道以及知识产权保护等因素共同构成组织知识共享的情境成本。路琳从人际关系的角度探讨了内部竞争、信任以及团队工作这三方面因素如何影响 IT 技术对知识共享的推动作用④。张喜征以创新性虚拟项目团队

---

① 王娟茹，赵嵩正等．隐性知识共享模型与机制研究 [J]．科学学与科学技术管理，2004，25（10）：65-67，103.

② 鲁强，陈明．一种基于本体的团队知识共享模型 [J]．计算机工程，2006，32（3）：193-195.

③ 谭可欣．企业隐性知识管理研究述评 [J]．技术经济与管理研究，2007（5）：76.

④ 路琳．现代信息技术对组织中知识共享的影响研究 [J]．生产力研究，2007（5）：52-54.

(VPT)知识整合为对象,研究其所需的人际关系网络结构及知识整合的工作模型与步骤,提出通过建立强联系人际关系网络来实现VPT创新性知识整合,而VPT"导师—学徒"型结构的工作模型就是解决方案。张毅、张子刚提出了企业网络与组织间学习的关系链模型,他们认为,企业网络是一种跨越边界的、高效转移缄默知识的组织工具①。

1.2.2.3 对隐性知识管理方法与制度的研究

国内外对隐性知识的转化方法的研究由来已久,在企业知识管理实践中也有实际的运用。比如,朱方伟以技术转移中隐性知识的转化为研究对象,描绘了企业技术成果中隐性知识的转化流程图②。

刘晓芳提出了头脑风暴演练的十大技巧③——作为一种隐性知识显性化方法,头脑风暴已广为人知并得到广泛应用,它种基于团队,激发创新思维。郭延吉对隐性知识转化归纳了如下的八种方法:①隐喻;②事后的回顾;③学习历史;④实践社区;⑤创造性碰撞;⑥未来研究讨论会;⑦重叠性的信息、活动、职责的设计;⑧合成领域(主要有聚类和群集方法)④。

郭强、施琴芬在《企业隐性知识显性化的外部机理和技术模式》研究中从社会学视角分析探讨了企业隐性知识显性化的外部机制和技术模式。首先从企业知识的构成以及隐性知识的隐藏性、体验性和经验性等方面的特征论证了隐性知识显性化机制在于市场化与共同体化,同时提出了隐性知识显性化的技术模式:知识信息化和知识编码化。

---

① 张毅,张子刚. 企业网络与组织间学习的关系链模型 [J]. 科研管理, 2005, 26(2):136-142.

② 朱方伟. 技术转移中隐性知识转化的研究 [J]. 科学学与科学技术管理, 2004(11):79-82.

③ 刘晓芳. 隐性知识管理与企业价值再造 [EB/OL]. [2009-9-6]. http://www.kmcenter.org/printpage.asp?ArticleID=1358.

④ Levill, B., March., J. G.. Organizational Learning [J]. Annual Review of Sociology, 1998(14):319-340.

刘敬军等人提出"概念视图"这一概念来说明概念体系对概念的知识表达，并通过组合或转换概念视图实现了不同知识系统中代理间的通信要求①。宋建元和陈劲认为采用多种方法如编码化、面对面交流、人员轮换、跨职能团队等多重手段实现企业隐性知识共享②。李希、刘庆夫③，陈向东、余锦凤④，陈立华、徐建初⑤均研究了Blog、Wiki等超文本系统作为社群内表达和共享隐性知识的工具的实现与积极评价。

秦铁辉、汪琼在《试论专家型隐性知识地图的构建》中分析了组织知识地图构建的关键因素，并从知识地图构建原则、隐性知识的获取和挖掘、标引及关联等方面探讨了专家型隐性知识地图的构建。文中提及了目前在隐性知识显性化方面的两种技术——群件系统和工作流管理。

吴霞在《隐性知识的管理理论和应用工具》中较为系统地介绍了隐性知识管理的影响因素及相应对策，其中重点介绍了隐性知识管理应用的管理工具——知识地图，分为认知地图和专家地图，指出这两种地图分别从隐性知识本身和隐性知识载体两个角度出发，刚好符合上文中提出的隐性知识的管理模式：认知地图——相对于隐性知识的"明示"和专家图——相对于隐性知识的"潜移默化的交流"。

王平主张运用即时化的手段来促进隐性知识交流和共享，具体包括"故事库"（narrative database）、"学徒系统"（apprentice sys-

---

① 胡誉耀. 智能搜索引擎与知识共享 [J]. 中国信息导报，2003 (11)：52-55.

② 宋建元，陈劲. 企业隐性知识的共享方法与组织文化研究 [J]. 技术经济，2005 (4)：27-30.

③ 李希，刘庆夫. 浅谈基于Blog与RSS的知识共享平台建设 [J]. 情报探索，2007 (2)：113-115.

④ 陈向东，余锦凤. 一种基于本体的知识组织工具 [J]. 情报理论与实践，2006 (6)：746-749.

⑤ 陈立华，徐建初. Wiki：网络时代协同工作与知识共享的平台 [J]. 中国信息导报，2005 (1)：51-54.

tems)、"人际网络引擎"(social network stimulation)和"专家技能定位"(expertise locator)①,这是一种实时化的知识管理。

然而,技术只是工具,不能解决所有问题,研究者们也同样提出了采用诸如组织、文化及制度等手段进一步促进企业隐性知识的共享是不可或缺的。

1.2.3 国内外研究不足之处

1.2.3.1 对隐性知识相关术语的理解未有共识

近几年的研究发现,关于隐性知识的研究在术语上处于随意命名的状态,如共享、转移、转化、流动、吸收、显性化、转换等一度混淆了研究的结构与视野。作者故而笼统称隐性知识后的谓语为隐性知识管理的阶段或时点。当然,最终本书将会对隐性知识管理中的表达与共享两个重要阶段及时点展开研究。我们可以看出,尽管对隐性知识管理进行的研究卷帙浩繁,但诸多学者对于隐性知识及其管理的内涵理解差异较大,对于隐性知识表达与共享这一复杂过程的认识,远未达成共识,而共识的达成意味着研究的深入与新颖思路、科学化方法的突现。

1.2.3.2 注重理论研究,缺乏实际案例

知识管理研究领域开始分析隐性知识管理的机理和对策,但主要内容基本围绕以下较为成熟的研究领域:组织结构、组织文化、技术支持和机制设计。现有的研究成果大多数还仅仅停留在从理论的角度对措施进行解释上,缺乏具有操作性的指导和借鉴,对隐性知识传播和共享研究特别是限于个体之间的机制研究尚未透彻,用以支持理论形成的实证性研究案例还相当少;研究学者提出了一系列概念模型,但大多数研究都是针对企业的整体隐性知识,缺乏针对具体存在形态的隐性知识的研究,如建立的模型缺乏隐性知识产生的背景、应用环境和适用情境等信息,更缺乏针对产生于具体业务流程中的隐性知识对象的研究,情景和流程感的缺失使得人们不

---

① 王平. 实时化知识管理——企业实时化管理的快速反应 [J]. 图书情报工作, 2006, 50 (4): 52-55.

能从多视角观察隐性知识，不能揭示不同隐性知识在外在表现、使用过程等方面存在的内在联系。但知识管理理论的价值在于其在组织中的应用，有关隐性知识管理的各种分析和结论也必须以实践为最终目的，这恰恰是目前研究中的弱点，甚至是盲点。研究者将目光过多地投向定性和理论分析上，忽略了隐性知识共享必须依靠有效的操作工具和实践指导，造成理论无法提升实践绩效。

1.2.3.3 研究视角泛化，但研究方法单一

不同的隐性知识管理模型的存在表明研究视角泛化，即缺乏指导构成要素选择的系统性的原则和方法。各种概念模型的构建显得比较笼统和粗糙，缺乏对隐性知识与知识管理其他要素之间关系的系统分析与阐述，缺乏阐释它们作用机理的框架，定量研究薄弱。针对隐性知识的共享与转移的研究，大多从技术和行为两个角度单独来定性地考虑其影响因素，或强调隐性知识显性化过程中技术的改进，或强调面对面的沟通与交流及组织文化等的构建，缺乏应用信息技术和人工智能技术提高隐性知识间的共享和转移的研究，这是研究方法单一的原因之一。借鉴认知心理学方法与理论成果的研究很少——内隐学习、内隐认知等概念表明认知心理学与隐性知识管理的莫大关联，一些知识管理领域的专家已经指出应当运用认知心理学等知识进行隐性知识的管理研究，但在该领域还鲜有具体运用①。

1.2.3.4 具有针对性的隐性知识管理方案相当缺乏

可以说，如何使企业实现创新是企业隐性知识管理研究的最终落脚点。但目前企业隐性知识管理相关研究与其作用和目的实现之间脱节，大部分研究对于隐性知识的作用发挥和目的实现之间的内在联系尚不明确、不完整，缺乏操作的连贯性，这些都可以归于具有针对性的隐性知识管理方案相当缺乏之因。

现有研究中忽视了针对不同类型和规模企业提出隐性知识管理方案。隐性知识具有情境化的重要特征，南希·狄克逊指出企业存

---

① 冷晓彦. 企业隐性知识管理国内外研究述评［J］. 情报科学, 2006, 24（6）: 946-947.

在五种知识转移方式，企业如果使用不适合自己实际情况的知识转化/转移模型作为知识管理的理论基础，很容易导致知识管理的失败。然而，国内主要以理论研究为主，没有实际的情境构建，缺少实证的研究、定量化研究；另外，基于中国企业自身特征，提出适合中国企业隐性知识管理具体实际的研究就更少。

1.3 研究内容与方法

在本书的内容设计中，注重理论与实证结合，调查与案例结合，在理论和实践上取得突破。本书的研究框架和研究方法如下。

1.3.1 研究内容

借用中华人民共和国国家标准中知识管理框架的定义，隐性知识（Tacit Knowledge）是指未编码化的知识，存在于员工头脑中，或者未被基本接受的非正式知识，是基于直觉、主观认识和信仰的经验性知识。

在本书标题所在框架下，作者认为有必要对研究对象做一个限定，在之前所有已有研究中，知识按照性质可以分为六类，如表1-3所示：

表1-3　　　　　　人类知识按照性质的六种分类

知识分类	英文称谓	解释说明
认知型知识或描述型知识	Know About	此类为了解知识的基础
程序型知识或先进知识	Know How	此类知识有助于实际执行
自发性创意知识	Care-Why	此类知识有助于激发创作者的意愿及潜能，包括成就意愿与动机，提升对认知知识、先进技术、系统的了解

续表

知识分类	英文称谓	解释说明
因果型知识或系统性了解知识	Know Why	此类知识为研究导向型的认知，对于事务不仅知道、会做，并且探究其因果关系
直觉式知识	Know When	此类知识已经内化为直觉的一部分，不仅知道其因果性并能由直觉感知该如何做
关系型知识	Know Who/Know With	此类知识能对知识间流动渠道充分掌握，知道何类知识谁最清楚

为阐明基于认知地图的隐性知识表达与共享这一主题，必须首先了解"认知"这一概念。不管是有关学习的认知理论还是有关知识组织管理的认知理论，都把认知作为一个核心概念来使用。"认知"是一种追求知识的活动，包括感觉、直觉、记忆、学习、言语、想象、思维、判断、推理等一系列过程①。法拉普多②（Frappuolo）认为，知识管理有以下四个基本职能：外化、内化、中介和认知过程，认知是经由前三个功能交换得出的知识的运用，是知识管理的终极目标。基于认识论角度，作者以认知型隐性知识作为本书的研究对象，具体来讲，这里的"认知"指的是人们用于解释、建构、简化和理解复杂问题的心智模型。

在认知研究中，心理学家借鉴地理学上的图形表示方法，地图是提供参考框架的地理表示。对地理工作者而言，地图是描述世界的手段，以便人们明白他们在哪以及他们要去哪；对认知研究者而言，他们常常用"地图"作为一种类比，其基本的想法是一样的。

---

① 陈洪澜. 知识分类与知识资源认识论 [M]. 北京：人民出版社，2008：49-50.

② Carl Frappuolo. Defining Knowledge Management [J]. Computer World, 1998：80.

认知地图是一种确定人们与他们的信息环境之间关系的图形表示。这样的地图提供了人们知道的或相信的参考框架，它们强调某些信息，不包括其他信息，也许因为它们不那么重要，也许因为不知道这些信息，但它们展示了有目的行为的理由（Fiol，Huff，1992）。

隐性知识有一种重要的认知度，它包括心智模式、信仰和一些我们认为理所当然的视角。认知型隐性知识区别于技巧性隐性知识，它包括心智模式、解决问题的方法等，这些认知方面的隐性知识反映了我们对现实的看法（是什么）以及对未来远景的看法（应该是什么）。认知型隐性知识是一种个性化的知识，且在认知活动中，它与特定的环境和背景相关联，是一种动态存在，是一种稍纵即逝的现象。

卢比特（Roylubit，2001）认为企业中有四类隐性知识：难以表达的技术诀窍；心智模式，即人们对于亲身接触到的人、环境和事物的态度；逼近问题的方式，逼近问题的方式构成了人们决策的思考模式；企业惯例，即指一个企业习惯成自然的工作流程、心照不宣的工艺默契、长期运作所形成的制度以及共同构建的文化价值观等。

认知型隐性知识一般可以分为三种类型[①]：一是心智模式，它帮助人们说明世界是如何构造的，构造的关键要素是如何相互联系的。当使用原因和结果的关系解释事件时，人们就利用了心智模式。二是解决问题的方法，认知型隐性知识是决策的基础，当人们解决问题的时候，并不是严格按照计划进行的，解决问题的方法来自于人们思考问题时所形成的习惯和方式。三是组织惯例，它是指规则的、可预言的行为模式。相对于心智模式和解决问题的方法，组织惯例转移的难度较大，但是它更容易被组织保护，隐含于特定的文化组织和一系列程序和惯例之中，从而成为组织持续竞争力形成的基础。通过这三种类型的划分可以看出，心智模式和解决问题的方法属于个体性的认知型隐性知识，而组

[①] 潘黎，刘元芳. 浅谈人文社会科学学科研究生教育中的认知型隐性知识 [J]. 现代教育科学，2005（6）：100-101.

织惯例则存在于组织之中。

所谓隐性知识管理就是将组织内部潜藏的、独占的、难以表达的知识与技能外显化、共享化、形式化,并对这些知识进行组织、存储、维护、利用、积累、共享,从而支持组织的决策,为组织的整体利益服务。

所谓基于认知地图的隐性知识管理就是,利用认知地图针对个人或组织的认知型隐性知识的表达与共享,并对这一隐性知识的载体从内容到形式上进行多层面的分析,以期能为企业决策者提供融逻辑性和计算性为一体的图解思维框架,实现一般实际情境下的直觉决策支持,是一种新的隐性知识管理的工具、流程与体系。作者拟从认知地图的本质属性入手,展开对认知地图研究方法论基础以及拓宽其应用领域的思考①。

1.3.1.1 作为一种隐性知识表达工具

野中郁次郎深信隐性知识是能够显性化的。他指出,"将隐性知识显性化",仅仅"意味着寻找一种方式来表达那些只可意会不可言传的东西"。

认知地图是一种认知映射工具,它是一种使领域概念和概念之间的关系同时显示的可视化表达,它将各种想法(ideas)作为节点,并将它们联系起来形成图形,是一个由节点组织的有向图②。认知地图是一种获取隐性知识的可行的技术手段③,是一种组织知识存储、构建组织记忆的方法,比一般的知识表达方法如规则和框架更加有优势④。人类的思维图式是网状的,认知地图的主体框架

---

① 马费成,张凌. 基于认知地图的隐性知识表达 [J]. 图书馆论坛,2009(06):184-188.

② Eden, C.. Analyzing Cognitive Maps to Help Structure Issues or Problems [J]. European Journal of Operational Research, 2004, 159(3):673-686.

③ Lenz, R. T., Engledow, J. L.. Environmental Analysis: The Applicability of Current Theory [J]. Strategic Management Journal, 1986, 7(4):329-346.

④ Lee, S., Courtney, J. F.. Organizational Learning Systems [J]. Proceedings of the 22nd Annual Hawaii International Conference on System Sciences, Vol. 2, 1989(2):271-280.

也采用了网状结构,在框架结构方面具有优越性。这种网状结构是基于人类解决问题的思维过程构建的,这使得该模型的环境适应性较强,能够把内部、外部环境的各种影响因素都考虑进来,有利于复杂问题的系统思考和寻求解决策略。因此,认知地图可以被用于有效地使隐性知识显性化①。罗德汉(Rodhain)认为认知地图(cognitive mapping)是用来把隐性知识向显性知识转移的有效工具。

作者认为隐性知识的表达包括识别、获取、凝练、显性化、组织及视觉思考等一系列过程。目前,作为一种认知映射工具,认知地图主要应用在战略性知识的映射上②。它通过因果连接,建立起多个实体之间的关系。例如,实体 A 可能导致实体 B 和 D 以及其他复杂关系的图形化描述,如图 1-3。作为一种因果关系映射工具,它的优势在于提供了一种排序和分析模糊的事物和利用这种模糊性的方法,并构建起概念之间关系的可视化图示③④。

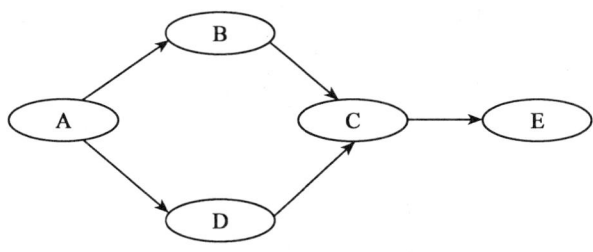

图 1-3 认知地图示例

---

① Noha, J. B., Lee, K. C., Kim, J. K., et al. A Case-based Reasoning Approach to Cognitive Map-driven Tacit Knowledge Management [J]. Expert Systems with Applications, 2000 (19): 249-259.

② Huff, A. S., Jenkins, M.. *Mapping Strategic Knowledge* [M]. London: Sage Publications, 2002: 35-56.

③ Huff, A. S., Jenkins, M.. *Mapping Strategic Knowledge* [M]. London: Sage Publications, 2002: 35-56.

④ Noh J. B., Lee K. C., Kim J. K., et al. A Case-based Reasoning Approach to Cognitive Map-driven Tacit Knowledge Management [J]. Expert Systems with Applications, 2000 (19): 249-259.

构建认知地图的最常见的方法是通过椭圆映射技术和辅助的 Decision Explorer 软件。Decision Explorer 通过提供有效的表示、检索和分析诸多支持来完成绘制过程，如图1-4。这些视觉思维的工具让想法和它们之间的关系得到显性化表达。

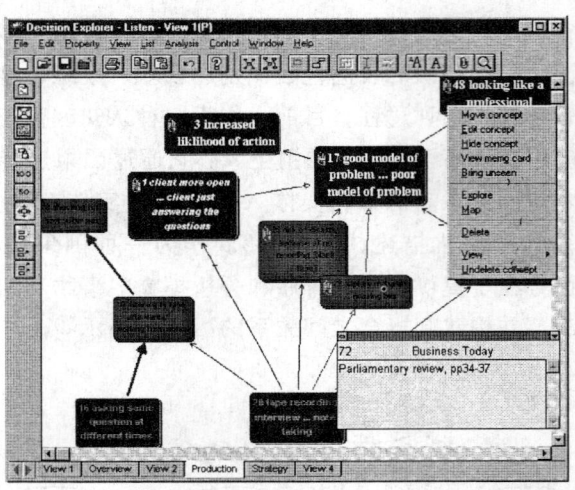

图1-4 认知地图绘制工具 Decision Explorer

1.3.1.2 作为一种隐性知识共享工具

野中郁次郎说："重视隐性知识可以使企业从完全不同的角度审视组织——不是作为一部处理信息的机器而是一个活生生的有机体。在这个背景下，共享对企业代表什么，它要向何处走及怎样使所希望的世界成为现实的世界，变得远比对客观信息的处理更加至关重要。"

认知地图作为一种新的隐性知识共享工具，它将对于意义的共享和理解这些流程变得更加方便，同时将个体对于决策问题的隐性假设的误解达到最小化。在群体环境下，它也提供了对谈判和匿名会议这类重要群体活动的支持①。由此产生的认知地图包含一群从

---

① Eden, C., Ackermann, F.. A Mapping Framework for Strategy Making [M]. In A. Huff and M. Jenkins (eds.), Mapping Strategic Knowledge Sage, 2002: 173-195.

不同的视角切入问题、可能含有冲突观点的个体的集体思维。这种映射流程认为每一个想法具有同样的有效性,允许参与者从不同观点来认知问题,不需要保护自己的观点,正因如此,它促进了社会化交流,确保了认知结果的准确与高效。另外,通过认知地图的合并和分解(如图1-5),其不同部分之间的连贯性和逻辑关系可以在整个组织中得到共享。通过降低行动计划的模糊性、展示单一行为对于多重目标的影响,认知地图有助于组织流程的灵活实施。总之,认知地图对于隐性知识的共享是通过质性构建过程和基于算法的合并、分解过程来实现的。

在共享机制上,认知地图作为一种隐性知识共享工具,是通过组织共享心智模型对个人心智模型的改变来起作用的①,而这均在对于隐性知识共享具有共同认知的共同体之上完成。

1.3.1.3 作为一种决策支持工具

在从隐性知识管理工具跃迁到决策支持工具时,认知地图必须完成从一般认知地图到古典认知地图到模糊认知地图的转变,这是由决策的定量化研究趋势所决定的。

Kelly②首先将认知地图引入因果关系的定性分析中,Axelord③将其具体应用于政治分析中。由于认知地图模型仅能表示概念间关系增加与减少两种定性状态,称其为古典认知地图。Kosko④首次在概念间因果关系中引入模糊测度,把概念间的三值逻辑关系扩展为区间$\{-1, 1\}$上的模糊关系,提出模糊认知地图(Fuzzy Cognitive Map, FCM),较为精确地量化了因果关系的变化程度,用于概念间模糊因果关系的表达与推理。

---

① 龙飞,戴昌钧.基于组织共享心智模型的组织知识创新成果内部传播效率分析[J].研究与发展管理,2008,20(4):58-65.

② Kelly, G. A.. The Psychology of Personal Constructs [M]. Vol. 1 and Vol. 2. Norton, New York, 1955:67-68.

③ Axelord, R.. Structure of Decision [M]. Princeton, New Jersey, Princeton University Press, 1976:79-80.

④ Kosko, B.. Fuzzy Cognitive Maps [J]. International Journal of Man-Machine Studies, 1986(24):65-75.

基于认知地图的隐性知识表达与共享

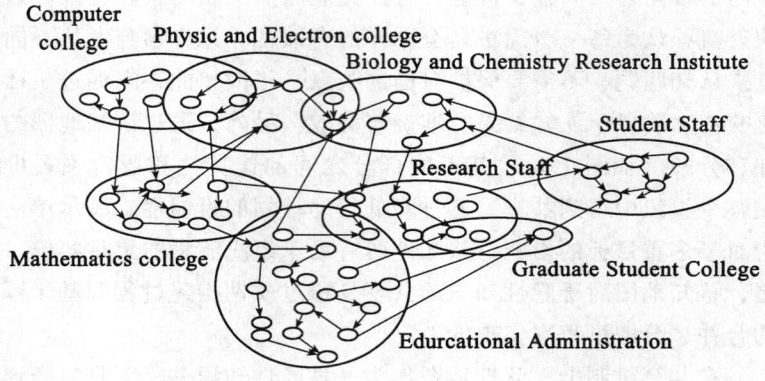

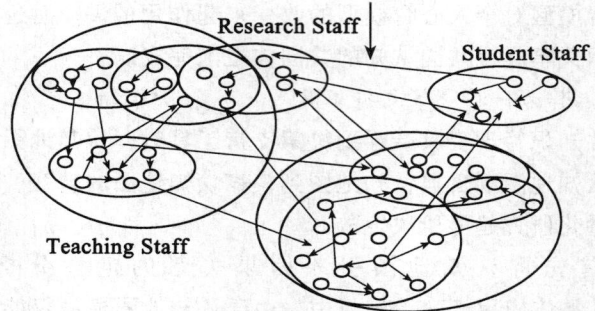

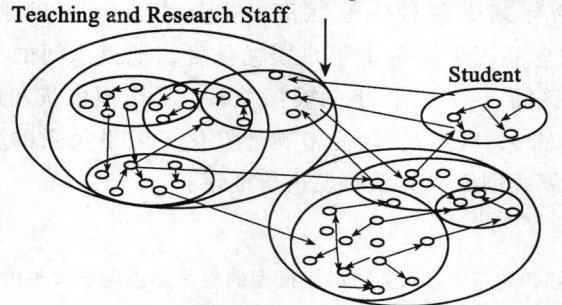

图 1-5 认知地图分解实例——学校教职员工间工作影响认知地图的连续分解①

---

① 张桂芸等. 复杂系统模糊认知地图的分解研究 [J]. 计算机科学, 2007, 43 (12): 155-158.

据调查表明,知识管理的主要效益在于提高决策效果。Payne 和 Bettman 指出,决策中的知识构建过程包括问题表征、信息获取和解释、信息整合及知识表达四个阶段①。认知地图作为隐性知识管理的有力工具,正是由于提供了对上述知识构建过程的支持,自然成为一种上佳的决策支持工具。

认知地图中连线两头所连接的想法之间一般具有解释关系、因果关系或手段目标的关系。认知地图可以将组织内部成员做出判断、解决问题的过程逐一记录下来,同时将其反映为一种思考过程图呈现出来。其中主要组成部分包括(如图1-6):最终目标(the Goals)——希望达到的目标,关键成功因素(Critical Success Factors,CSF)——达成目标必须完成的部分,行动或是关键选择(Action)——可采取的最初行动,论证链(Standard Idea)——由标准想法组成并串连出地图。可以知道最终目标位于地图的最顶端,而行动则处于最底端,中间的过程有关键成功因素作为唯一的到达点,同时可以由多个想法将这三者连接起来,这样就形成了一个问题解决即决策的全过程。模糊认知地图(FCM)突出表示了连线上的权重,使得认知地图同时具备了逻辑上的非线性和计算上的模糊性,由此带来了对现实中的复杂系统问题进行决策的科学性。

按照论述的层次与顺序,确立了本研究的技术路线如图1-7所示,也即本书的主要内容。

本书共分8章,主要内容如下:

(1) 导论

主要介绍本书写作的背景与研究意义,认知地图与隐性知识表达与共享的国内外研究现状、研究方法以及本书的内容框架。

(2) 认知地图的基本概念与基本理论解析

厘清了认知地图的相关研究术语(组织隐性知识、心智模型、认知映射),梳理了三大相关理论基础——建构主义理论、知识组

---

① Payne J. W., Bettman J. R.. Measuring Constructed Preferences: Towards a Building Code [J]. Journal of Risk and Uncertainty, 1999 (19): 243-270.

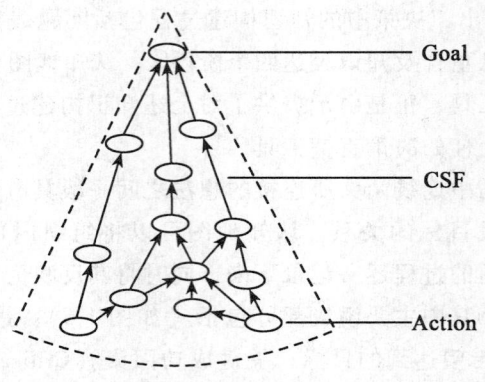

图 1-6 认知地图主要组成部分

织理论和直觉决策理论，提出了认知地图的四个维度解析方式——意义维度、范畴维度、途径维度、分析维度，作为理论预构建，成为下面展开论述的基础。

（3）泛在的隐性知识管理——基于认知地图的意义维度

基于认知地图这类泛在的隐性知识管理工具，创造性地提出了狭义认知地图与广义认知地图，指出了广义认知地图的提出背景、范畴及统一方式，给出了解析针对学术隐性知识载体——科学共同体的广义认知地图实例，并从节点、连线的隐喻及使用情境进行了范畴维度下的认知地图的微观比较，紧接着综述了狭义认知地图在学科和方法角度的演进与发展。

（4）隐性知识的表达——基于认知地图的途径维度

作者从节点、箭线的隐喻，权重、回路的意义等角度全面解析了狭义认知地图的结构，并指出了狭义认知地图的表达视角。在多学科交叉的基础上，通过比较、类比、联系等思路，归纳梳理了基于认知地图的隐性知识挖掘与建构流程，共分为五个步骤；根据因果映射、扎根分析与系统动力学方法，建立了基于认知地图的隐性知识挖掘与建构的综合方法。

（5）隐性知识的共享——基于认知地图的范畴维度

作者从基于认知地图的隐性知识共享出发，提出了共享即个人

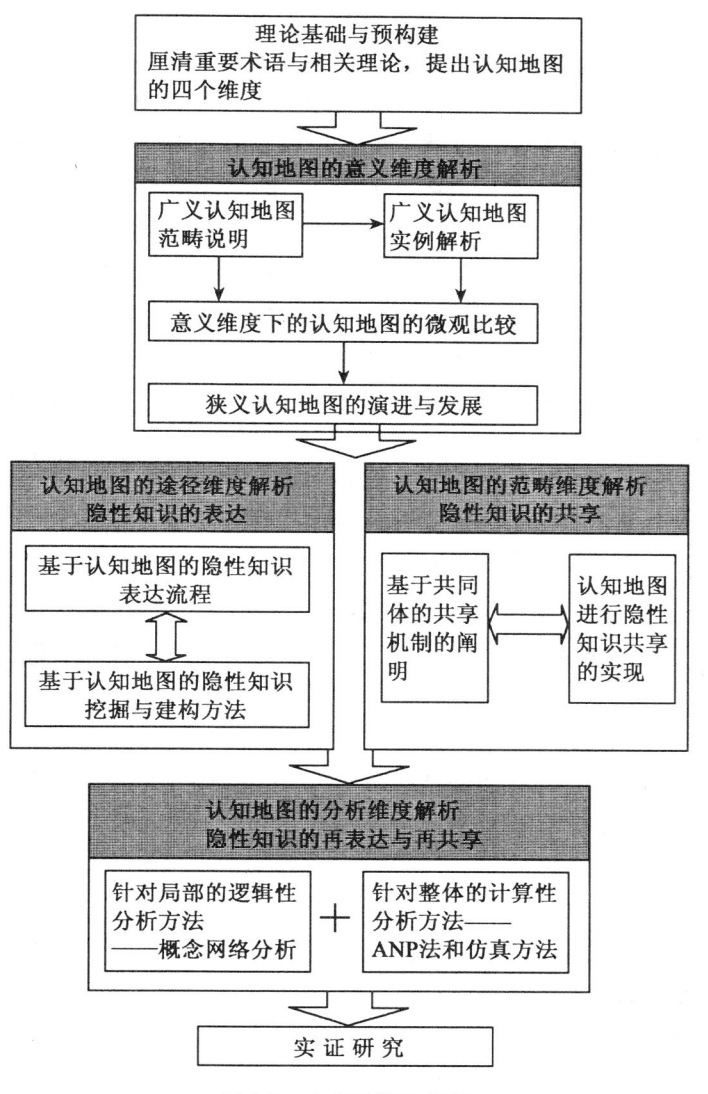

图 1-7　本书的研究框架

认知地图向组织认知地图的转变。进而引入了认知共同体限定了个人与组织的概念，并用共享心智模型阐明了共享的机制，继而揭示了在认知共同体内怎样对共享心智模型达到一致性认同:通过群射这种促进对话共享的质性方法或者合并与分解认知地图这种数学化的技术手段。章末作者探讨了认知地图对于隐性知识共享的意义,以承上启下。

(6) 隐性知识的再表达与再共享——基于认知地图的分析维度

作者在这一章大胆地引入了认知地图的分析维度,并将其视为对隐性知识的再表达与再共享。在综述与比较已有的不同的认知模型、工具及分析指标的基础上,确定了分析思想由定性向定量的演进趋势。而后筛选出内容/结构、局部/整体两对分析维度,提出了针对内容的局部分析方法——概念网络分析和针对结构的整体分析方法——ANP方法和仿真方法,总体也遵循了由定性分析向定量分析的转变。

(7) 实证研究:企业直觉决策情境下的认知地图管理方案构建

在考察研究对象的前提下,作者设定了特定的研究情境,说明特定研究对象的特定研究内容即低碳经济环境下武钢集团的可持续发展问题,继而展开构建基于认知地图的直觉决策案例,灵活运用多种方法,多层次、多途径地分析了认知地图。

(8) 结束语

对本书的整体作出总结,在实际研究中提出了认知地图应用所遇到的困难,对认知地图的应用提出建议与前景展望。

1.3.2 研究方法

在研究过程中,本书遵循继承与创新相结合、理论探讨与实际应用相结合原则,采用的研究方法有:

(1) 文献调研法

以搜索引擎、中英文数据库及图书馆为主要渠道,广泛收集国内外关于"隐性知识"、"隐性知识管理"、"隐性知识表达"、"隐性知识共享"、"认知地图"及相关领域的研究文献,全面把握这些领域的研究现状和发展动态,并进行消化吸收、分析和提炼。

(2) 比较分析法

在研究过程中，对于各种研究思路与流程进行了多维度的分析与比较，如国内与国外、广义与狭义、个人与组织、宏观与微观、内容与结构、整体与局部等，在种种比较的基础之上，作者综合得到了一些有用的思路与结论。

（3）建构主义与实证主义相结合的方法

针对隐性知识的特性，作者采取了建构主义的研究思路，构建了隐性知识管理的概念模型，同时，通过特定研究对象和研究情境的选取，实证主义的研究方法也充实了整个研究过程与结果。

（4）一系列的定量研究方法

对于认知地图的分析、计算等过程，作者梳理了一些常规方法，而其均是基于量化的指标，故而拟采取概念网络分析方法、ANP分析方法、仿真分析方法等一系列的定量研究方法展开进一步的研究。

2 认知地图相关概念及多维度解析

2.1 相关概念解析

2.1.1 组织隐性知识

隐性知识很容易被转换,产生了保持力的潜在问题,它随着个人移动,因而使得企业在损失隐性知识的时候比竞争对手脆弱很多,这意味着基于个人隐性知识的竞争优势具有不稳定性。但这一点在组织隐性知识上并不适用——"如果没有一个由拥有已确立团队合作模式的个人所组成的团体,这种知识是不可能被植入到组织中的"(Teece,2000)。

如果将组织作为一种存在于相互依存的个体间的社会体系①,组织的隐性知识则可以被认为是一套组织惯例,这些隐性惯例没有经过编码,也不遵循标准的规则及操作程序。它们与特定的情境相关,以默示的方式存在,可以被表达的程度有限,正如波兰尼所述的那样,"我们知道的比我们所能表达的多得多"。

这种观点把组织看作是社会系统——即组织不只是各相互独立的部分(包括环境)的加总,一个部分必定影响着其他部分②。

---

① Gharajedaghi, J., Ackoff, R. L.. Mechanisms, Organisms and Social Systems [J]. Strategic Management Journal, 2006 (5): 289-300.
② Tsoukas, H.. *New Thinking in Organizational Behaviour: From Social Engineering to Reflective Action* [M]. Baker & Taylor Books, 1994: 67-98.

该观点被许多研究其他系列主题的学者认同,包括:组织解释(organizational interpretation)、集体心理(collective mind)以及组织记忆等。他们都认为,尽管组织知识与个体知识有关联,但它又不同于个体知识。

有些学者为了区分组织与个人的隐性知识,将组织隐性知识取名为"隐性惯例",指的是在组织中做事的方法,是人们所做的那些不能明确表达、及时描述的事情。它们与行为和行动有关,是人们执行时的活动,Grant 详细论述道:"组织惯例涉及隐性知识中一个很大的部分,这一部分说明了组织能力中能够被明确表达的知识有一个限度。"

认识组织惯例,对于发挥组织知识创新的潜能、改善企业的惯例领域、适应外部环境的变化是十分重要的。如果没有企业惯例存在,企业就不能正常运转;企业的惯例越丰富,提供企业处理问题的方案就越多,企业就能高效地处理问题①。

2.1.2 心智模型

长期以来,科学家们对于个体对环境的理解过程深感兴趣,并发展出很多概念来描述,比如分类(category)、图式(schema)、手迹(script)、信念结构(belief structure)、认知地图(mental map)等,心智模型也是其中的一支。

心智模型由苏格兰心理学家 Kenneth Craik 于 1940 年创造出来,又叫心智模式,是指深植于我们心中关于自身、别人、组织及周围世界每个层面的假设、形象和故事,并深受习惯思维、定势思维和已有知识的局限,彼得·圣吉将心智模式比喻成认知上的心灵地图。最简单而普遍的观点是把心智模型看作人类理解复杂系统的模式②。

---

① 赵文平,万海螺. 企业知识创新的演化模型研究 [J]. 科技管理研究,2008(7):369-371.

② 吕晓俊. 心智模型的阐释:结构、过程与影响 [M]. 上海:上海人民出版社,2007:97.

心智模式是一种机制，它使得人们能够以一种概论来解释系统的功能和观察系统的状态、描述系统的存在目的和形式以及预测系统的未来状态。换句话说，即人们对于世界的理解方式是透过询问"这是什么"、"为什么这样"、"这样有什么目的呢"、"这个东西是如何运作"、"它会造成什么后果"来达到的。

Swan & Sue（1994）在运用认知地图研究影响技术创新的管理者信念时，指出认知地图是一个心智模型，它允许复杂问题被构造和简化以便于问题的理解。Cosesett & Andet（1994）认为，认知地图是研究者关于一个特定的目标，基于自身的认知所表达出的内心一系列散漫的表示物的图形形式。Cossette（2002）进一步认为，认知地图起到一种指导行为、解释和预测结果的作用，是一种语义网络（semantic network），Cossette（2002）甚至应用认知地图技术分析了科学管理之父 Talyor 的思想结构①。

心智模型与认知地图这两个概念从所属领域及其应用上来说是交叉的，都被认为是一种组织内部知识存储、传输的潜在的机制，且具有相同的认知心理学的理论基础，两者之间的联系在于，心智模式对于抽象概念的理解，可以通过运用认知地图描绘出来。认知地图被看作是一种数据处理方法，使我们能获得、图示、分析和比较心智模式②。

2.1.3 认知映射

认知映射是反映人们对现实看法的可视化方法，研究者们试图把认知映射与人们"弄清"并解释周围世界的方法联系起来。它是个人知识的体现，也即个人经历的体现。构造映射的过程和映射的使用是为了促进客体对特定事物的相关信念以及价值系统加以详细描述和发掘。认知映射方法依作用范围不同分为单射和群射两种。

----

① Cossette, P.. Analysing the Thinking of FW Taylor Using Cognitive Mapping [J]. Management Decision, 2002, 40 (2)：168-182.

② Spicer, D. P.. Linking Mental Models and Cognitive Maps as Aid to Organizational Learning [J]. Career Development International, 1998：125-132.

2 认知地图相关概念及多维度解析

认知映射有很多种类（Huff，1990），其中一种是原因或因果映射："原因映射是认知映射的一种，把由因果关系联系在一起的概念结合在一起"，它是一种"由节点和连接它们的矢量组成"的图形化的表示方法。节点是人们认为重要的事物，而矢量显示了节点之间的关系。

当研究隐性惯例时，因果映射可能成为一种较为合适的方法，因为它可以使人们集中关注于行为上面（Huff，1990）。正如前文论述的那样，隐性惯例是与做事相关的，是目标导向的，而在这个方面因果映射可能会特别合适，因为"因果关系提供了一种优于其他关系的潜在的、高水平的过程性知识（它是如何工作的，以及怎样做）"（Jenkins，1995）。

既然人们不能直接表述出隐性惯例，那么有必要发掘出表述这些惯例的间接方法。组织隐性知识之所以存在，重要的原因是因果模糊，因果映射应该会成为一种有用的研究方法以发掘并解析因果模糊，并尽可能与Bougon（1983）中的自我提问（self-Q）技术以及鼓励参与者讲事迹和使用隐喻的访问相结合。由此看来，因果映射是一种半结构化的质性研究方法，单射可能是让受访者接受短时的培训并凭感知绘制认知地图或由访谈者依据访谈文本人为绘制认知地图，而群射则经常是采用因果映射会议的形式辅以可视化软件来完成的。

2.2 相关理论基础阐释

2.2.1 建构主义理论

"定量研究的过程尤其是定量因果分析的过程，其实也是研究者对社会现实进行建构和简化的过程。"① 野中郁次郎在研究知识创造问题上，采取了建构主义的方式。20世纪80年代末，建构主

---

① 游正林. 建构中的定量因果分析［J］. 华中师范大学学报（人文社会科学版），2008，47（2）：33-37.

义思潮的出现对长期占统治地位的客观主义认识论构成了挑战，它不再将知识看作是绝对客观的，而认为知识主要是个人对其的建构，即个人是创造有关现实的意义而不是发现源于世界的意义。建构主义的知识观认为，知识是一个动态的表征过程，它只有在具体的情境中才有意义，具有情境相关性，知识可以通过与他人的协作得以共享。

本书将以建构主义的知识观为指导展开对知识建构的探讨，所谓建构，往往被理解为相互作用问题，是指认知者针对认知任务，通过新旧知识的互动，产生新的有意义关联、组合或统整的过程和结果①。乔纳森（1999）认为，建构是有意义学习（meaningful learning）的显著特征之一。建构主义分为个体建构主义和社会建构主义，前者关心主体在与客体的相互作用中，在已有知识基础上建构新的知识和理解；后者关心个体与他人在人际互动中建构知识，它们探讨的均是知识由外而内聚集积累的过程。

"人类知识——无论是作为各个学科所知道的公共知识体系，还是作为个体的认知者或学习者的认知结构——都是建构的"（Phillips，1995）。个体知识的来源有两种基本的途径：一是外部信息的输入，个体通过加工信息，然后建构知识。二是通过内部知识的再加工和变化过程，建构新的知识。无论是来自外部的知识，还是来自内部的知识，其获得过程都具有建构性质②。组织知识是建立在知识是一种社会产物的信念之上的，它存在于管理之中，来源于组织成员之间的交往，他们相互影响彼此的观点，并创造与改变着组织共享的现实结构。

---

① Chen, Q., Zhang, J.. Use ICT to Support Constructive Learning [J] // In: Watson, D. M., Downes, T. (eds.). Communications and Networking in Education: Learning in a Networked Society (IFIP TC3 WG 3.1/3.5 Open Conference: ComNEd'99, Finland). Boston: Kluwer Academic Publishers, 1999: 231-241.

② 辛自强. 知识建构研究：从主义到实证 [M]. 北京：教育科学出版社，2006：80-81.

知识建构是 20 世纪 80 年代初由加拿大多伦多大学教授 Marlene Scardamalia 和 Bereiter 提出的。目前对于知识建构的定义众说纷纭，如强调新旧知识经验的相互作用，强调有价值思想的产生和不断改进过程，强调一种协作的、有目的的活动（如学习任务、问题解决）等，这些定义虽然立足的角度不同，但是它们都强调"建构"意味着一个建构过程，知识建构的目标是形成具有某种价值的公共知识，而不是简单地提高个体头脑中的内容①。

人的大脑活动更多的是一个建构（Constructing）过程，而不是单纯对客观事物进行映射的过程。大多数学者倾向于将其作为学习的同义词使用，知识建构的基本含义就是知识的创建，其结果是公共知识的创建或修改。辛自强②认为问题解决成功后知识的建构实质是通过表征重述获得概念性知识的过程。

知识建构的研究基于这样一种认识论假设：人类是主动地创造和构建他们的个人认知世界的，个体间通过相互作用赋予现实世界以各种意义③。人类的认知结构与自身知识结构密切相关，一定的认知结构是相应的知识结构的反映，而特定的认知结构由相应的知识结构形成。新认知结构的形成不仅需要新知识，也需要旧知识。一方面，新经验要获得意义需要以原来的经验为基础；另一方面，新经验的进入又会使原有的经验发生一定改变（如图 2-1)④。

从认知的角度看，专家群体的决策质量取决于其全部认知资源能否通过群体交互而得到有效利用。其中，决策信息和知识的有效分享、专长知识随决策情境和任务阶段变化而适应性转换（adaptive transformation）、专长分布式群体对决策所需新知识的交互式构

---

① 谢幼如，宋乃庆，刘鸣. 基于网络的协作知识建构及其共同体的分析研究 [J]. 电化教育研究，2008（4）：38-42.

② 辛自强. 问题解决成功后知识的微观建构 [J]. 上海教育科研，2006（4）：50-53.

③ Rutkowski, A. F., Smits, M.. Constructionist Theory to Explain Effects of GDSS [J]. Group Decision and Negotiation, 2001（10）：67-82.

④ 莱斯利·P. 斯特弗，杰里·盖尔著，高文等译. 教育中的建构主义 [M]. 上海：华东师范大学出版社，2002：156.

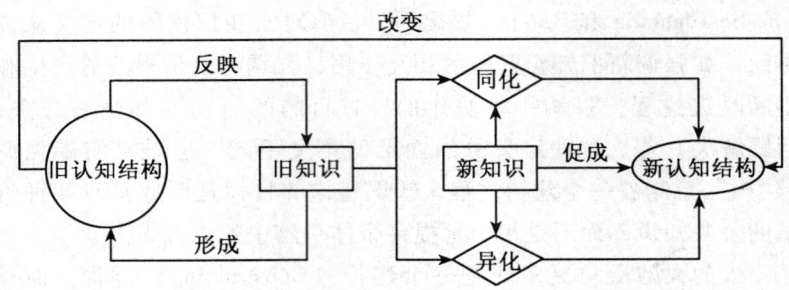

图 2-1　知识建构图解

建（interactive construction）是群体决策质量的三个重要的认知保证①。特别是目标导向的群体知识构建对于非程序化的重大决策有着十分重要的意义。Payne 和 Bettman 指出，决策中的知识建构过程包括问题表征、信息获取和解释、信息整合及知识表达四个阶段②。

2.2.2　知识组织理论

知识组织与信息组织的重要不同之处在于，知识组织不但可以实现知识的有序化，还可以进一步发现知识，即将隐性知识变为显性知识③。知识组织不仅揭示显性知识，还能挖掘人的智慧经验等隐性知识，并按照一定的推理策略，提供问题的解决方案。

郑邦坤④在《隐性知识信息组织研究》一文中提出："对隐性知识信息的组织主要通过构造知识地图、构建知识信息库以及知识

---

① 何贵兵. 群体动态决策的适应性行为及其内隐学习机制 [D]. 浙江大学博士论文，2002：35.

② Payne J. W., Bettman, J. R.. Measuring Constructed Preferences: Towards a Building Code [J]. Journal of Risk and Uncertainty, 1999 (19): 243-270.

③ 马大川，马越. 信息有序的理论框架 [J]. 情报理论与实践，2006，29 (6): 677-680.

④ 郑邦坤. 隐性知识信息组织研究 [J]. 情报杂志，2004，23 (7): 63-64.

信息整合来实现。"蒋永福提出，依知识的内部结构特征，可分为知识因子组织方法和知识关联组织方法。马大川①也认为，知识组织有两个层次：对知识单元本身进行描述和标引以及揭示知识节点之间的逻辑联系。

蒋永福②认为，知识组织的基本原理，就是用一定的方法把知识客体中的知识因子和知识关联揭示出来，以便于人们认识、理解和接受。他指出，知识组织的理想是走向认知地图。认知心理学家索尔索指出，认知地图思想"预见到知识在认知结构中如何表征是当代所关注的课题"③。如果真的像布鲁克斯（Brookes, B.C.）等人所设想的那样，能够找出知识结构和认知结构的连接点，并把它们像地图一样标示出来，那将是知识组织的最理想目标。

事实上，布鲁克斯第一个提出了用认知地图原理组织知识的设想，他强调要提供情报用户真正需要的知识。认知地图就是知识在认知状态中的内部结构，这种结构形成人的知识框架和思维格局。布鲁克斯的愿望是，按知识的逻辑结构找出人们思维的相互影响的连接点，把它们像地图一样标示出来，展示知识的有机结构④。

彼得·德鲁克说，知识的本质是知识使其自身变得过时。对于一个组织来说，知识资源的组织本身就是一个新陈代谢的过程，通过知识的组织来接受新知识，淘汰陈旧无用的知识。而且，知识本身就有自我组织的特性，通过知识资源的组织促进组织的知识创造。知识组织是所有组织知识的方法、技术与能力的总和，是关于知识的获取、表示、整理和利用等一系列行为的综合。把知识组织起来实际意味着将知识放入知识库中，知识资源组织主要通过构造企业的知识地图、创建企业知识仓库、进行知识整合等方式实现。

---

① 马大川, 马越. 信息有序的理论框架 [J]. 情报理论与实践, 2006, 29 (6): 677-680.

② 蒋永福. 论知识组织 [J]. 图书情报工作, 2000 (6): 7-10.

③ 刘洪波. 图书馆知识组织的新思路 [J]. 图书与情报, 1992 (2): 9.

④ 李荫涛. 布鲁克斯的认识地图初探 [J]. 情报学报, 1988, 7 (4): 267-271.

隐性知识是一种无序的、非线性的、无规则的知识，以游离状态存在的知识单元作为隐性知识系统中的要素，其知识熵较高，处于不稳定状态，在隐性知识结构中存在着松散的联系。将认知地图引入隐性知识组织领域，一方面是为了让每个人都可以根据自己的知识结构组织知识，而从所有人的知识结构中抽取出共享的知识结构；另一方面，认知地图的构建过程也是个人隐性知识显性化的过程，存储了人们所构建的认知地图，即完成隐性知识的沉淀。

认知地图实现了隐性知识的表征，以及关于这种对于知识的表征如何以其特有的方式有利于知识的应用，它组织并描述的是具有一定概括程度的知识，不是各个部分简单机械相加，而是按照一定规律由各个部分构成的有机整体。它的加工过程是通过对加工的信息进行拟合、优化、评价而进行的，甚至有几个认知地图相互比拟、进行评估，最后才能做出决策，是对以往隐性经验的积极组织。认知地图在知识组织的应用主要是检验复杂概念与论题的对称性以及术语联结，以便增强后设认知。

2.2.3 直觉决策理论

什么是直觉？直觉是人们在已有知识与经验的基础上，对事物整体的把握、本质的直接理解，以及其间关系的迅速识别，是一种含有结论性的判断。对于 Shirley 和 Langan-Fox（1996）来说，"直觉和隐性知识看上去非常相像"。与 Vaughan（1979）一样，他们把直觉定义为"知道但是不能解释是如何知道的"，这与波兰尼对隐性知识的基点——我们了解的比能够说出来的更多这一论述极其相近。

心理学家 David, G. M. 在《直觉：它的力量与危险》一书中，利用大量重复的试验证明，直觉是产生直接认知、无需观察和推理便可立即领悟的能力，它和分析逻辑一样，是优秀科学家的必备素质。爱因斯坦也曾说过，物理学家的最高使命是要得到那些普遍的基本定律……只有通过那种以对经验的共鸣和理解为依据的直觉，才能获得这些定律。直觉能力可以说是一种隐性知识，难以通过课堂学习或埋头苦读的方式直接获取，往往需要在长期的学术团队研

2 认知地图相关概念及多维度解析

究中实现隐性知识向显性知识的转化和"悟"出来①。

美国生产力及品质中心（American Production and Quality Center，APQC）认为，知识管理特别是隐性知识管理的目标就是力图将最恰当的知识在最恰当的时候传递给最恰当的人，以便使他们能够作出最好的决策。然而，理性决策模型的本质在于用系统性的逻辑取代直觉，但是作者认为，决策理论经由绝对理性向相对理性转变，并有向直觉决策转变的趋势。因为越来越多的人发现，理性分析被强调得过了头，并且在某些情况下，决策制定能够通过决策者的直觉来改善。

直觉决策（Intuitive Decision Making），又称自然决策（Naturalistic Decision Making，NDM），它是基于决策者的经验、能力以及积累的判断的一种潜意识的决策过程。这样一种决策正确与否，取决于人们对以往经历的编码框架质量的高低，由"经历的多少"、"总结（加工）得当与否"决定。

管理者何时最有可能使用直觉决策的方法呢？有以下八种情况②：（1）存在高不确定性时；（2）极少有先例存在时；（3）变化难以科学地预测时；（4）"事实"有限时；（5）事实不足以明确指明前进道路时；（6）分析性数据用途不大时；（7）当需要从存在的几个可行方案中选择一个，而每一个的评价都良好时；（8）时间有限，并且存在提出正确决策的压力时。

西蒙认为③，直觉是不经意识推理而了解事物的能力。他确立了直觉出现的两个标志：（1）问题呈现后很快获得解答方案；（2）问题解决者不能为自己的解题步骤提供明确解释，即问题解决者常

---

① 于立. 认识规律、持续创新——2005年部分应用经济学研究论文点评［M］//夏春玉，郭连成. 东北财经大学2005年度科研发展报告. 大连：东北财经大学出版社，2006.

② ［美］Stephen, P. R.. Organization Behavior, 7th Edition（中）［M］. 北京：中国人民大学出版社，1997：80.

③ Simon, H A.. Explaining the Ineffable: AI on the Topics of Intuition Insight and Inspiration［C］. Proceedings of the International AI Conference in Canada, 1995.

常表示自己是突然地获得了解答方案。

德里菲斯①（Dreyfus）的隐性知识获得五阶段论认为隐性知识的拥有水平分为新手、高级新手、合格者、熟练者和专家。他认为专家不再依赖规则、指南或定理，依靠隐性理解直觉性地抓住事物本质，遇到新事物或需要判断的时候才用分析的方法，具有预测力。

现代决策理论中非程序化决策技术的心理基础就是人的直觉思维，在管理过程中，绝大多数决策是用直觉决策法做出的，但直觉决策法往往得不到管理者的重视。在人类的行为方式中，最复杂的是直觉，最简单的也是直觉。直觉过程是人脑高速分析、反馈、判别、决断的过程，体现为敏锐的洞察力。美国学者曾在20世纪70年代对83项战略决策进行了调查，发现其中仅有18项决策是通过比较明确的分析方法提出来的，其余大多数也是靠直觉判断制定的。对这些事实的解释出现了分歧，以西蒙为首的认知学派认为直觉决策的大量存在本身就说明有其存在的心理基础，应进行认真的研究以提高直觉决策的有效性。不断增加的直觉决策制定能力不仅存在于再认知的模式，也存在于以对隐性规则的应用为基础的情境中。这些规则可能不是显性的，但它们的明显特征在使用的时候是隐性的②。

2.3 认知地图的多维度解析

在任何给定的知识领域，我们每一个人都有自己在这个特定领域的认知地图。认知地图是对脑海中该领域的概念及其存在的关系进行明确的一种视觉表征。认知地图提供了一个表示个体的知识和

---

① Dreyfus, H L., Dreyfus, S E.. Mind Over Machine: The Power of Human Intuition and Expertise in the Era of the Computer Oxford [M]: Basil Blackwell, 1986: 136.

② 黄荣怀, 郑兰琴. 隐性知识论 [M]. 长沙: 湖南师范大学出版社, 2007: 66.

2 认知地图相关概念及多维度解析

经验以及他们对于现实观点的强有力的工具①②。在很多情况下，这张地图在个人或组织中很可能处于隐性和未表达状态。然而，许多分析人士认为，正是因为其因果模糊、语境特定和现实的针对性，很难被表达，这种隐性知识导致了现代企业的竞争优势③④⑤。

认知地图是一个新兴的研究方向，其概念一度处于演进或分化的状态。认知地图又称认知映射、因果地图等。托尔曼（Tolman）⑥指出，认知映射指的是一个人思考一个问题或任务的映射过程。认知可以用来指一种思维模式或信仰体系，人们用它来感知、语义化、简化和明晰复杂问题。Axelrod⑦和Eden⑧等人认为认知地图提供了个人对某一特定领域独特认识的图形化描述。

在之后的研究中，认知地图趋向于强调提取和表示人脑中各种

---

① Eden, C., Ackermann, F.. Analysing and Comparing Idiographic Causal Maps [M]. Managerial and Organizational Cognition. London: Sage, 1998: 192-209.

② Weick, K. E., Bougon, M. G.. Organizations as Cognitive Maps: Charting Ways to Success and Failure [J]. In The Thinking Organization. San Francisco: Jossey-Bass, 1986: 102-135.

③ Ambrosini, V., Bowman, C.. Mapping Successful Organizational Routines [M]. In A. Huff and M. Jenkins (eds), Mapping Strategic Knowledge Sage, 2002: 19-45.

④ Barney, J.. Firm Resources and Sustained Competitive Advantage [J]. Journal of Management Studies, 1991, 17 (1): 99-120.

⑤ Grant, R. M.. Prospering in Dynamically-competitive Environments: Organizational Capability as Knowledge Integration [J]. Organizational Science, 1996 (7): 375-387.

⑥ Tolman, E. C.. Cognitive Maps in Rats and Men [J]. Psychological Review. 1948, 55 (4): 189-208.

⑦ Axelrod, R. M.. Structure of Decision: The Cognitive Maps of Political Elites [M]. Princeton University Press, 1976: 404.

⑧ Eden, C.. Using Cognitive Mapping for Strategic Options Development and Analysis (SODA) [J]. Rational Analysis for a Problematic World. Wiley: Chichester. 1990: 21-42.

想法之间的因果关系,因此常常将认知地图等同于因果地图①(Causal Map)。如 Srinivas 和 Shekar 认为认知地图是再现个人表达的概念及概念之间因果依赖的定向连接的因果关系网络②。Eden 认为认知地图也可称为因果地图,它以"想法"(ideas)为节点,并将其相互连接起来。其中"想法"都是通过带箭头的连线连起来,连线的隐含意思是"因果关系"或"导致"因果关系,且没有层次的限制。认知地图主要用于帮助人们规划工作,促进小组的决策③。正如 Huff 所述,认知映射有很多种类④,其中一种是原因或因果映射:"原因映射是认知映射的一种,把由因果关系联系在一起的概念结合在一起",它是一种"由节点和连接它们的矢量组成"的图形化表示方法。

认知地图关注的是一个要素是否对其他要素有影响。例如,一个公司的市场销售业绩提高,那么它的股票会涨。认知地图是一种获取隐性知识的可行的技术手段(Lenz & Engledow, 1986),是一种组织知识存储的方法,优于知识结构图等一般的知识表示图解(Lee & Courtney, 1989)。

在确定认知地图的本质属性及方法论的基础上,作者拟展开对于认知地图的多维度解析,继而梳理管理隐性知识特别是隐性知识表达与共享过程中认知地图的构建流程与分析方法,并探讨了进一步研究的思路。

---

① Narayanan, V. K., Armstrong, D. J.. Causal Mapping: An Historical Overview, in Causal Mapping for Research in Information Technology, Narayanan [M]. Hershey: Idea Group, 2005: 1-9.

② Srinivas, V., Shekar, B.. Strategic Decision-making Processes: Network-based Representation and Stochastic Simulation [J]. Decision Support Systems, 1997, 21: 99-110.

③ 周宁,张芳芳,余肖生. 可视化技术在知识管理领域的发展 [J]. 图书情报工作, 2006, 50 (11): 68-71.

④ Huff, A. S.. Mapping Strategic Thought [J] //Huff, A. S. (eds). Mapping Strategic Thought, Chichester, Wiley. 1990: 11-49.

2.3.1 意义维度

认知地图的意义维度是指存在广义认知地图与狭义认知地图的区分。由于认知地图应用范畴的广泛性及其演变源流追溯上的不便，各界研究人员众说纷纭。作者认为，纷繁的认知地图概念可以归结为广义和狭义的意义维度，关键在于对"认知"的范围的限定，并且都可以统一于认知地图在结构上的特征，不同之处在于节点、连线的隐喻以及使用的情境。

当广义认知地图中使用情境越来越趋于专门化时，狭义认知地图应运而生。认知地图从广义到狭义，经历了学科角度——"从无形到有形"、方法角度——"从古典到模糊"的演进与发展。正是因其有形，才有了隐性知识的显性化表达，才使隐性知识具备可重用与共享的可能；正是因其模糊，才使其具备丰富的语义及强大的推理分析能力。意义维度回答了认知地图是什么的问题。

2.3.2 途径维度

认知地图的途径维度之所以存在，是因为认知地图（cognitive map）又称认知绘图或称认知映射（cognitive mapping），也即认知地图的获得途径。将认知地图理解成名词与动词的结合体，正好体现了认知地图作为一套新的隐性知识管理的工具、流程与体系，而不仅仅是一种认知结果的图形化映射与表征。

途径维度将面向隐性知识的表达视角，研究认知地图的构建流程与方法，作为企业隐性知识显性化的可操作性的方案说明。途径维度的说明将从认知地图的结构出发，寻找对应结构的内容构建过程，中间运用了分解、类比、比较和综合的思想方式，采用质性构建的研究方法，回答了认知地图从哪里来、如何构建、怎么表现与解读等问题。

2.3.3 范畴维度

认知地图的范畴维度，是指个人认知地图与组织认知地图的区分。这在一定程度上扩展了认知地图的初始定义，正如长期以来学者们不知晓组织隐性知识一样。之所以存在组织认知地图，首先是因为组织隐性知识需要对应的载体，其次是因为企业需要在不同的细节层次上认识问题，最后是因为隐性知识共享的方法可以实际地反映到组织认知地图的构建。

对于认知地图的范畴维度的研究，作者拟从隐性知识共享的视角来开展，具体来说，首先研究共享的模型和机制，采用概念模型的方法；其次是共享的实现方式，采用情境化设计和定量化表现的方法，整体回答了认知地图由谁使用、如何贯彻使用和用于什么等问题。

2.3.4 分析维度

认知地图的分析维度，指的是分析方法针对两种属性——内容与结构，或者还有宏观/微观分析、整体/局部分析、静态/动态分析等各种区分方式。作为隐性知识的载体，其反映的隐性知识可用内容分析方法得到；而作为对系统的认知、表征与模拟，其反映的隐性知识必须通过结构分析方法得到。

认知地图的分析维度拟从定量化研究和动态研究为主的思路，着重表现认知地图的逻辑表达与物理世界的问题如何达到对应，可以算作对于认知地图的进一步地重表达与重用，对于其延伸使用提供了可扩展性的基础，这个维度回答了认知地图反映了什么以及怎样用的问题。

3 隐性知识的泛化管理
——基于认知地图的意义维度

何谓"认知地图"?按布鲁克斯的说法,"认知地图"乃是:在精辟分析和筛选文献逻辑内容的基础上,找出蕴含人们创造思路与被研究客体的相互关系及其连接点,像普通地图那样,将其直观而形象地表述,以展示知识的有机结构①。这里的认知地图概念实际上与知识地图是等价的。美国情报科学研究所研究人员斯摩尔(H. Small)提出用思想"网络图"揭示重大发现的来龙去脉②。这种思想"网络图"接近于布鲁克斯的"认知地图"。

然而,一部分学者认为,在隐性知识管理领域,认知地图是一种可以帮助隐性知识表达出来的图,又称方法图、过程图,同可以帮助隐性知识交流传播的专家图同属于知识地图的范畴;另一部分人认为认知地图(因果图)是一种网络知识结构图,与知识资源图、知识流图并列于知识地图描述框架;还有学者认为知识地图应该分为概念型知识地图、流程型知识地图、职称型知识地图,而认知地图可以帮助完成构建流程型知识地图。

综上所述,认知地图作为一种隐性知识管理工具,呈现出泛化管理的态势,作者由此提出广义认知地图和狭义认知地图的概念统一方式,广义的认知地图包括基于认知科学的人类对于事物及其关

---

① 李荫涛.布鲁克斯认识地图初探[J].情报学报,1988(4):267-269.

② 刘植惠.两种新型的情报产品——《超级杂志》和《科学地图册》[J].情报理论与实践,1994(6):47-48.

系的关联图示，包括概念地图、专家地图、知识网络、社会网络、思维导图、语义网络等；它的特点是没有明确的目标指向，展现了知识资源的分布及属性。而狭义的认知地图指的是基于概念地图的表达概念间因果关系的关联图示，用于可视化评价与决策，最新的发展是模糊认知地图，是一种定性与定量相结合、主观与客观相统一的认知显化方法。它的特点是具有明确的目标指向，表现了知识资源特别是隐性知识的决策和评估价值。

3.1 广义认知地图的提出

笛卡儿说："没有图形就没有思考。"斯蒂恩也说："如果一个特定的问题可以转化为一个图像，那么就整体把握了问题。"

在视觉表达中，概括可以被看作是"简化到更强烈更能显出精华的程度"。事实上，我们周围时时刻刻都充满了视觉信息。为了发挥其功能，我们必须从所见到的世界中创立秩序和意义，而概括一旦结合视觉信息就会达到一个自觉的、有目的的层次①。

在重视思维与交互的设计科学中，图解方式是一种设计思考的过程，也是一种视觉的方式语言。广义认知地图就是一个用图形认知世界、思考问题的工具集合，它是支持对世界的认知导航的心智图，建构时经历了主体已有认知的过滤，与图像、概念和主体的思考方式相关②。

3.1.1 广义认知地图的提出背景

新行为主义者托尔曼提出"认知地图"进而找到了刺激与反应的联结关系。他认为个体对自己行为的调节是因为"认知地

---

① 冯信群. 设计的图解思考方法 [J]. 东华大学学报：自然科学版，2001，27（5）：35.

② Luis Borges Gouveia. A Brief Survey on Cognitive Maps as Humane Representations. Porto：Universidade Fernando Pessoa. CEREM，2004：9.

3 隐性知识的泛化管理——基于认知地图的意义维度

图"使其行为朝向目标或回避目标。随着认知地图在不同学科领域的引入,认知地图已不仅仅是个体认知对外界空间环境的记忆和呈现,其概念有所泛化,它可以被视作个体对各类外界信息认知程度的描述和呈现方式,同样也可以描述认知对象之间的相互关系及其强弱程度。举例说明,在环境科学领域,认知地图可以是二维平面中点与点之间的平面分布,也可以是二维平面中各点之间的相互路径关系①,同时也有学者使用多维度的认知地图来描述环境中的风险认知特征②,更有学者将其引入网络信息导航等③。

上述种种研究迹象表明,认知地图源于认知心理学,之后就是地理学和心理学的交叉研究领域,而在此期间,研究者们对于认知地图到底是人的内部思维过程的表达还是环境或问题的外部形式存在分歧,这种分歧最终消弭于一门新的学科——环境心理学。

随着认知地图思想方法逐渐在规划设计科学、图书情报学、信息系统科学甚至管理学领域全面应用,认知地图不再仅仅研究人的空间意识构建过程,而将研究对象转向对于知识特别是隐性知识的构建过程,从另一个角度说,是将其研究环境从地理空间转向问题空间,而其研究存在的两种分歧又统一于知识管理生命周期中的两个重要环节即知识的提取和知识的表示。随着概念图、认知地图、语义网络、思维导图、知识地图在知识管理中的应用,它们之间的区别越来越模糊,甚至有学者提出"等同论"及"无需区别论"④。

---

① 白凯. 基于发生学的中国入境旅游者行为研究 [D]. 陕西师范大学博士学位论文, 2007: 63-64.
② 于清源, 谢晓非. 环境中的风险认知特征 [J]. 心理科学, 2006, 29 (2): 362-365.
③ 金燕. WWW 信息导航机制研究 [D]. 武汉大学博士学位论文, 2005: 21-26.
④ 张会平. 基于可视化技术的知识转化研究 [D]. 武汉大学博士学位论文, 2008: 77.

正如美国学者 R. 布兰顿所述："我们的事业是广义的认知性事业。我之所以用'广义的认知性'是想表明，在我看来哲学家的研究目标乃是理解，而非较为狭义的知识。"① 作者认为为将认知地图研究提升到一个新的高度，有必要将上述所有的认知地图概念统一于广义认知地图的框架，关于其范畴，均是基于对所有的已有研究的综述和归纳，关于其具体统一方式，则是借鉴图论、人工智能和知识构建中的相关观点予以简明介绍。

3.1.2 广义认知地图的范畴

自 1960 年 Tolman 提出"认知地图"起，人们开启了对于人类认知的图形化表达的不懈研究，在环境心理学、规划设计科学中基本遵循着 Tolman 的研究思想，而各种新兴的认知图示表达思想及方法则不断涌现。

认知地图在实际中演化出了很多具体的表现形式，比如 Mohanmed，Klimoski 和 Rentsch② 就研究了四种认知地图形式：路径搜寻联想网络（Pathfinder Associative Networks），多维标度（Multidimensional Scaling），交互提取认知地图（Interactively Elicited Causal Maps）和文本提取认知地图（Text Based Causal Maps）③。

得克萨斯基督教大学工作组（Bahr & Dansereau, 2001；Hmeilewski & Dansereau, 1998；Hall, Dansereau & Skaggs, 1992）、CRESST 工作组（Center for Research on Evaluation, Standards, and Student Testing）提出的"知识地图"（Knowledge Maps），Fisher（1990；2000）、Jonassen（2000）等人提出的"语义网络"（Se-

---

① ［美］R. 布兰顿著，韩东辉译. 理由、表达与哲学事业［J］. 世界哲学，2005（6）：16-27.

② Mohanmed, S., Klimoski, R., Rentsch, J. R. The Measurement of Team Mental Models: We Have no Shared Schema［J］. Organizational Research Methods, 2000, 3（2）：123-165.

③ 郝金星. 基于概念地图的结构性知识分析研究［D］. 武汉大学博士学位论文，2007：44.

mantic Networks)、Novak 提出的概念图、Tony Buzan 提出的思维导图以及 Ackerman & Eden (Ackerman & Eden, 2001; Eden, 1988, 1992; Eden & Ackerman, 2001) 提出的"认知地图"(Cognitive Maps),包括企业实际应用中使用的知识历程图、知识网络图、SI-POC 图①等均可以统一于广义认知地图的概念框架。

3.1.3 广义认知地图的统一方式

正如前文所述,广义认知地图是一个用图形认知世界、思考问题的工具集合,除了上文所述广义认知地图在拥有主体上存在一致性之外,所有的认知图示在表现内容和表现形态上得到了统一。

从内容上看,广义认知地图按照认知对象的性质不同分为表现学术知识的认知地图和表现实践知识的认知地图。其具体区别如表3-1 所示:

表 3-1　　　　广义认知地图在表现内容上的区别

	学 术 知 识	实 践 知 识
功　　能	理解世界	完成任务,解决问题
内容性质	普遍性、简单性	情境性、个人性、复杂性
存在形态	命题性	过程性
组织形式	内在逻辑	任务逻辑
思维载体	语言逻辑思维	多种形态的思维
表现体系	学科体系(归纳、演绎分析、综合)	行动体系(项目、案例仿真、角色)

学术知识指的是学科性知识,而实践知识指的是解决问题的知

---

① 张凝. 知识的河书、洛图 [EB/OL]. [2010-2-1]. http://qc.gzntax.gov.cn/k/2004-11/709280.html.

识,前者知识系统与体系性强、指向于概念、一旦接受就可获得且易于传播,而后者不追求系统与知识体系、具有知识的综合性、在解决问题中获得且难于传播。在学科体系表现过程中,人类认知强调用归纳、演绎、分析及综合等方法系统、有序地传授抽象知识而非应用知识;在行动体系表现过程中,人类认知强调项目、案例、仿真及角色来整体、自我地获取经验且构建应用知识,以便与职业情境和生活情境结合。

由知识转换模式引申可以发现,学科体系和行动体系下的知识转换链呈现一个匀称的对比,即前者以显性知识为起点,经历基于事实概念再现的"显—显"转换、基于原理论证掌握的"显—隐"转换,直至升华为显性知识;后者则是以隐性知识为起点,经历基于事实概念再现的"隐—隐"转换、基于原理论证掌握的"隐—显"转换,直至升华为隐性知识。

具体概念模型如图 3-1 所示:

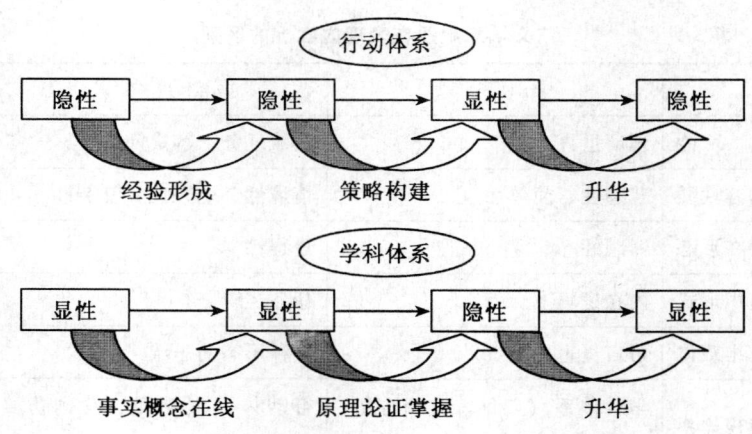

图 3-1 学科体系和行动体系下的知识转换链①

---

① 姜大源. 建立在隐性知识管理与显性知识管理基础上的教学途径[EB/OL]. [2010-10-8]. 百度百科, http://wenku.baidu.com/view/3e34983610661ed9ad51f31e.html?from=related.

从形态上看，如同事物在一定条件下要有一定存在形态一样，知识形态就是指在一定历史条件下，人类在社会实践中对所获取的知识所赋予的存在形式或表述形式。知识形态主要是由构成知识的元素（单元形态）和元素的结构关系所决定的。

知识的单元形态是知识的固有属性，是本体论层次上的知识，表明了认知地图的研究对象，在认知地图中以节点形式存在，不同的节点形状代表了不同的意义，如主题（topic）、案例（case）、内容（content）和判断（judgment）等。关系（也可以叫关联，relationship）是知识对象之间的联结（link），或是表示相关的对象之间联结的意义。知识对象之间要使用何种关系来描绘，除了参照真实世界中对象彼此间的关系外，思考者的个人观点也是关键因素[①]。故而知识元素的结构关系是认识论层次上的知识，不同的联结方式代表了丰富的含义，是我们挖掘与分析的重点。

事实上，Scavarda，A.[②]等人在回顾认知地图实践和研究文献的基础上提出了认知地图的分类学，即将认知地图分为无向图（undirected graphs）和有向图（directed graphs）两种，前者包括知识地图、概念地图、语义地图等，后者又被分为时序图（time maps）和因果图（causal maps），其中时序图分为流程地图（process maps）、项目网络（project networks）和风险分析图（risk analysis diagrams）。这一分类充分表现了广义认知地图在知识形态上的统一方式。

在本章后续段落中，作者将从知识形态上的统一方式出发，从节点的隐喻及连线的隐喻两方面对意义维度下的认知地图展开微观比较。

---

① 金叶，周忠信，王清河，廉峰峰．一种可视化的知识管理建模语言[J]．计算机工程与应用，2005，41（19）：177-181．
② *Scavarda*, A., Bouzdine-Chameeva, T., Goldstein, S., Hays, J., Hill, A.. A Review of the Causal Mapping Practice and Research Literature. Second World Conference on POM and 15th Annual POM Conference, Cancun, Mexico, April 30-May 3, 2004.

3.2 广义认知地图实例——解析科学共同体的科学知识图谱

科学知识是人类知识体系中的精华部分。约翰·齐曼认为，科学理论正如"认知地图"，"种种理论与一张张地图十分相像。几乎每一个我们得到的关于科学理论的一般陈述，都如地图一样被使用"①。邓三鸿、金莹、杨建林②认为在各专业领域建立学科知识地图也具有重要意义，比如快速实现知识检索的拓展和关联、建立显性知识的排序和关联、实现对于学科隐性知识的检索和浏览等。

当前，"学习是知识建构"（knowledge building）这种新的学习隐喻已被广泛认同③，在知识创新型企业中，共同体担当着核心角色，它为共同体成员提供了一个共享的环境，使他们能够相互交流，不断对话，促进反思。例如，师徒关系是传递隐性知识的重要形式。同在企业界一样，科学中的隐性知识的载体是研究组和研究人员，又称科学共同体。哲学家托马斯·库恩（Thomas Kuhn）最早利用科学共同体（Community）定义了科学知识，他认为"科学知识在本质上是一个群体或其他组织中的一种共有财富"。Rorty 在此基础上进行了扩展，认为所有的知识——不仅仅是科学知识——都是建立在科学共同体被广泛传播的思想基础之上的④。这说明，无论哪种称谓，广义认知地图存在于共同体之中，在拥有主体上存在一致性。

为明晰广义认知地图对于学科隐性知识的表达与共享作用，认

---

① [英] 约翰·齐曼. 真科学——它是什么. 它指什么 [M]. 曾国屏，匡辉，张成岗译. 上海：上海科学技术教育出版社，2002：154.

② 邓三鸿，金莹，杨建林. 学科知识地图的构建——以图书、情报学为例 [J]. 情报学报，2006，25（1）：3-8.

③ 谢幼如，宋乃庆，刘鸣. 基于网络的协作知识建构及其共同体的分析研究 [J]. 电化教育研究，2008（4）：38.

④ 马费成，王晓光. 知识转移的社会网络模型研究 [J]. 江西社会科学，2006（7）：39.

3 隐性知识的泛化管理——基于认知地图的意义维度

识广义认知地图的同一方式,可以借助作者发文、共引、共享主题词等关系建立学科内专家学者即各科学共同体的隐性知识之间的联系,以实现对于学科隐性知识的挖掘与浏览。下面以国内外隐性知识研究为主题,仅用揭示引文联系的引文时序图、揭示趋势联系的科学知识图谱、揭示意义联系的多维尺度图谱来解析国内外该研究的科学共同体的研究现状及趋势。

3.2.1 引文时序图(Historiograph)——揭示引文联系

加菲尔德的科学引文索引极大地改变了学者们研究科学共同体及其隐性知识的方式,他发明的 Histcite 软件可以搜索、浏览和获取某一知识领域专题的编年引文文献①。引文时序图正是建立在普莱斯和加菲尔德关于科学引文网络思想的基础上的科学计量实践成果。引文时序图分析以一组重要的具有代表性的引文或著者作为节点,按时间先后标以序号,连接这些节点并以被引率或其引用次数为权值,构成引文时序图②。

作者以国外隐性知识研究这一领域为专题,在 ISI 数据库已搜集的相关数据基础上,以 LCS(Local Citation Score)对文献记录排序,阈值设为 50,即选取前 50 条记录,按时间先后顺序生成引文时序图,以椭圆图形的大小代表文献被引频次的多少,椭圆图形内所标数字指明该节点文献在文献集合中的序号,以带箭头的连线代表文献节点之间的引用关系,箭头指向的文献是被引用的文献(图 3-2),在 Histcite 软件界面中点击即可看到详细文献记录③。

我们可以注意到,图中节点文献之间存在着双引多引、作者/文献共被引、自引/他引等纷繁复杂的引文关系,可以发现,1986

---

① 刘则渊,陈悦,侯海燕,等著. 科学知识图谱——方法与应用 [M]. 北京:人民出版社,2008:9.
② 许炜. 技术接受模型研究领域的可视化引文分析 [J]. 图书情报知识,2009(3):73.
③ 许炜. 技术接受模型研究领域的可视化引文分析 [J]. 图书情报知识,2009(3):73.

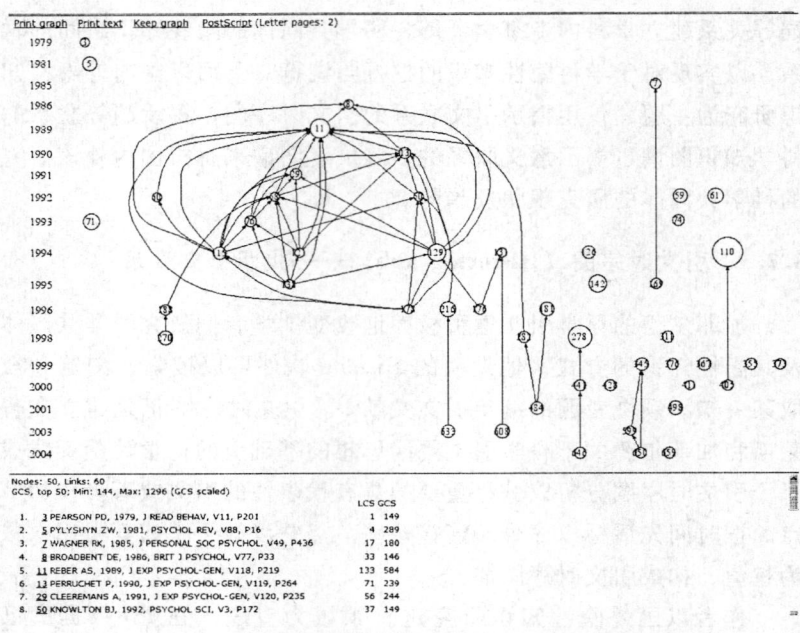

图 3-2　关于国外隐性知识研究的引文时序图片段

年至 1996 年的十年间，这种引文关系具有相当大的复杂度，说明隐性知识的研究蔚为大观。同时，我们可以发现入度较大的 11 号节点和面积最大的 110 号节点，分别说明在已选文献中 11 号节点被引频次较大，在所有搜集的文献数据中 110 号节点被引频次最大。通过详细文献记录可以发现：11 号节点代表美国心理学家 A. S. Reber 的《显性学习与隐性知识》（*Implicit Learning and Tacit Knowlodge*）一文，他通过人工语法实验，证实了内隐学习的存在。Reber 的研究，使有关隐性知识的研究超越了思辨水平，进入了实证研究阶段①，可谓隐性知识研究方法论上的重大转折；110 号节点代表 Nonaka 的《组织知识创新的动态理论》（*A Dynamic*

---

① 郭秀艳. 内隐学习和缄默知识 [J]. 教育研究，2003，24（12）：31-36.

Theory of Organizational Knowledge Creation)一文，正是在这篇经典文献中，作者提出了组织知识创新的 SECI 知识螺旋模型，它突破了知识管理的欧美模式，使人们开始关注意会性知识对于企业的作用以及意会性知识与言传性知识的传递、转化、创新与应用等过程，其创新思想及做法在学界和企业界一直延续着其影响。

3.2.2 寻径网络图谱（Pathfinder Network Scaling Map）——揭示趋势联系

寻径网络（Pathfinder Network，PFNET）是根据经验性的数据，对不同概念或实体间联系的差异或相似程度做出评估，然后应用图论中的一些基本概念和原理生成的一类特殊的网状模型。由于它对不同概念或实体间形成的语义网络进行表达，在一定程度上模拟了人脑的记忆模型和联想式思维方式，主要应用于认识心理学和人工智能等研究方面①。PFNET 在一般变换情况下具有一定的稳定性，通过对 PFNET 的分析，可以对不同的概念、实体进行分层和聚类②。

PFNET 算法检查所有数据之间的关系，然后建立数据间最有效连接的路径。在寻径网络图谱绘制过程中，是将文献、主题词、关键词、作者等研究者要分析的知识视为节点，并假设节点间由加权的路径相连（权值为被分析对象的共被引频次），仅显示节点间最短路径。当大量节点都与某关键节点具有较高的共引强度时，学科分支领域则自动形成，而无需单独的聚类程序③。在图谱中，关键节点控制着学科领域研究的走向，其余节点以关键节点为核心形成不同的研究范式，进而构成学科结构全景。如

---

① 胡利勇，陈定权．引文分析可视化研究［J］．情报技术，2004（11）：78-81．

② 陈悦，刘则渊，陈劲，侯剑华．科学知识图谱的发展历程［J］．科学学研究，2008（3）：449-460．

③ 陈悦，刘则渊，陈劲，侯剑华．科学知识图谱的发展历程［J］．科学学研究，2008（3）：449-460．

果某学科领域缺乏关键的节点，图谱中节点则呈现出相对松散的状态。

利用 CiteSpace 分析软件，可以通过引文网络分析，探寻学科领域演化的关键路径，找出学科领域演化的关键文献即"知识拐点"，分析学科演化潜在动力机制，并预测学科发展前沿。图 3-3 即为关于国外隐性知识研究的关键词寻径网络图谱，它在宏观涌现的层次上表现了该研究领域的重要动态与核心节点，而这些隐含在图谱里面的知识可谓这一科学共同体的隐性知识。

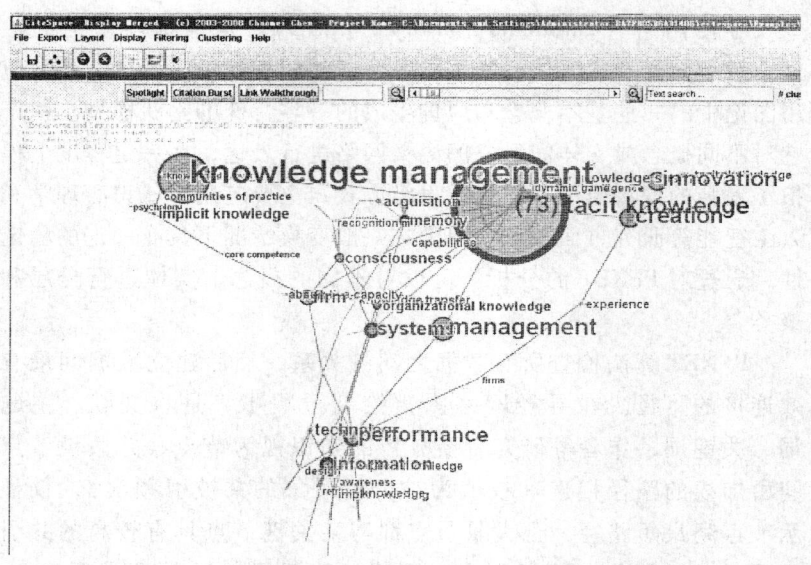

图 3-3　关于国外隐性知识研究的关键词寻径网络图谱

3.2.3　多维尺度图谱（Multi-Dimensional Scaling Map）——揭示意义联系

MDSM 的原理是多维尺度分析——在多维空间中，人们常以点表示一个事件或对象，根据事件或对象彼此间的相似关系安排点的位置，越相似的实体，其两点间的距离越近，反之，其两点间的距

3 隐性知识的泛化管理——基于认知地图的意义维度

离较远①。

关键词多维尺度分析建立在共现分析的基础之上，而共现分析的方法论基础是心理学的邻近联系法则和知识结构及映射原则。邻近联系法是指事物的联想与曾经有过的感受是一致的，以至于想起它们中的某一个的时候，其他对象也会以曾经同时出现时的顺序想起。根据该法则，两个词之间的联系强度可以用同时感知到两词的相对频率来衡量，同时，词之间的联系强度决定了用语过程中词汇的选择——只有存在关联的那些词汇才能被想起、说出或写下②。

共现分析能够提供"认识论层次的价值"，发现现有知识中"出人意料"的联系或问题，最终可能产生新的研究方法或知识③。

作者将国内隐性知识研究的文献关键词经去噪、统计取高频得共词矩阵、转换成 Ochiia 距离相异矩阵等步骤之后，导入 SPSS V17.0 由多维尺度分析得到如图 3-4 所示的多维尺度图谱。图中可见 65 个关键词在二维空间中呈散列点，它们之间的位置关系和亲疏程度表明了中国学者在研究实践中对于上述概念的认知。举例说明，"SECI 模型"这一概念周围围绕的是"组织学习"、"知识创造"、"知识转化"、"知识分享"、"知识型企业"、"技术创新"等概念，这与我们已有的认知是一致的。在图中任何一处，均可以找到多个关键词之间对应的意义上的联系，而有些则提供了我们认知科学共同体之间知识联系的又一佐证。

---

① 刘则渊，陈悦，侯海燕等著.科学知识图谱——方法与应用 [M]. 北京：人民出版社，2008：9.

② Manfred Wettler, Reinhard Rapp. Computation of Word Associations Based on Co-occurrences of Words in Iarge Corpora [EB/OL]. [2010-2-1]. http://www.aclweb.org/anthology/W/W93/W93-0310.pdf.

③ 王曰芬，宋爽，苗露.共现分析在知识服务中的应用研究 [J]. 现代图书情报技术，2006（4）：33.

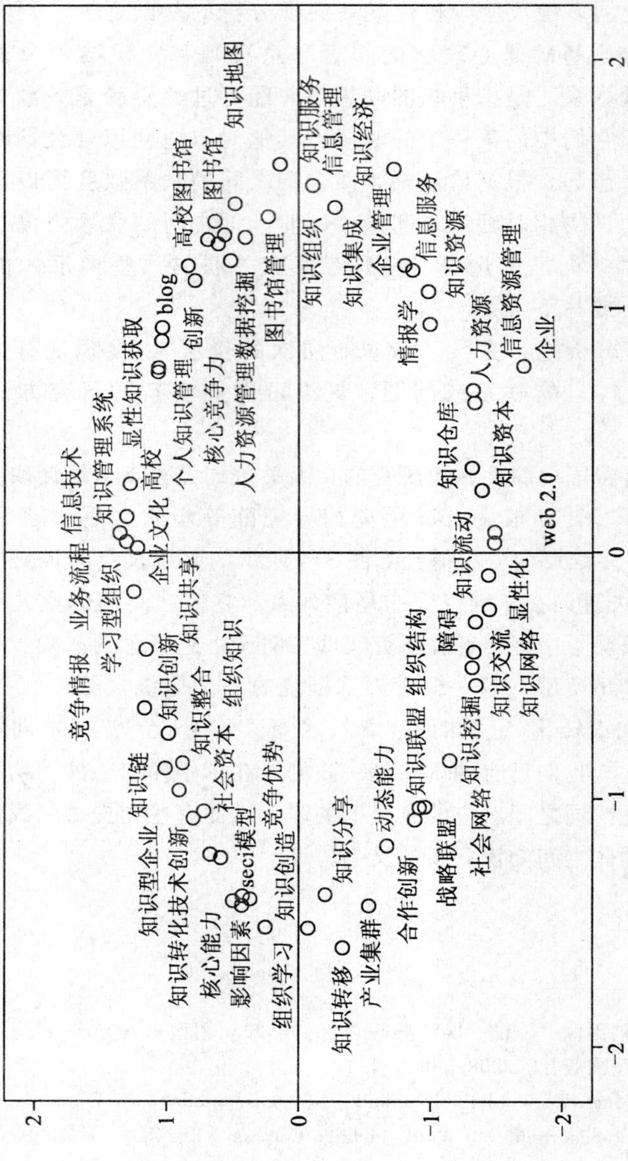

图3-4 关于国内隐性知识研究的关键词多维尺度图谱

3.3 意义维度下的认知地图的微观比较

广义认知地图涵盖了诸多的范围,但是统一于其拥有的主体、表现内容和表现形态。在表现形态上,作者从构成认知地图的节点和连线出发,结合其隐喻的知识的分析,将广义和狭义维度下的认知地图进行一番微观比较,以期完善和深化研究者对于认知地图的理解。

野中郁次郎认为,"隐喻"是一种独特的领悟方法,是将隐性知识显性化的第一步。而在接下来的比较中,作者采用了隐喻这一概念,认为认知地图中充满了丰富的隐喻,模糊而粗略地表达出隐性知识。

狭义认知地图是一种用图表反映某个人或某些人的思维模型。它是由想法节点和想法间的链接两部分组成的,而这种链接是有方向性的,而且通常都是一种动态链接,可以随时进行修改和添加。链接的两头所连接的想法之间一般具有解释关系、因果关系或手段目标的关系。

3.3.1 比较节点的隐喻

概念(用节点表示)可以表示系统的动作、原因、结果、目的、感情、倾向及趋势等。它反映系统的属性、性能与品质。比如,Bougon研究组织认知时找出假设环境下(Givens)的目的(Ends)及手段(Means)并建立认知地图①。图面上只拥有"向外"箭头的点代表假设的环境;只拥有"向内"箭头的点代表目的;同时拥有"向内、向外"箭头的点代表手段。

以超级链接为例,我们采用超媒体的"节点"、"链"和"网络"等形式表示知识对象。超媒体概念中的"节点"和"链",存

---

① Bougon, M., Weick, K., Binkhorst, D.. Cognition in Organizations: An Analysis of Utrecht Jazz Orchestra [J] Administrative Science Quarterly, 1977, 22: 606-639.

储了超媒体知识库的实体信息（媒体特性信息、语义节点、链）。链接在一起的"节点"的集合构成网（Web），也就是超媒体网络，一个节点表示一个完整的知识主题。又如，语义网络的观点认为人类的认知与记忆是一种网状的结构，是由无数的节点（nodes）与节点间的联结（link）所构成。节点由一个概念或片段的知识所组成，节点间由关系（relationship）相连接，形成相连的网状架构（Jonassen、Beissner &Yacci，1996；Min，1994）。

  同样从节点出发，专家地图的原理与认知地图也极其相似。节点不再是一个个的想法而换成了一个个知识载体——人，仿照认知地图模型，可以得到一个专家地图的简单模型：最底层是所需知识，中间层是沟通路径和交流环境，最顶层是知识载体即专家①。

3.3.2 比较连线的隐喻

  知识节点之间、知识节点与人员之间以及知识节点与实践之间以空间结构关系（相近关系、相关关系和包含关系）或逻辑关系（顺序关系、层级关系、并列关系、因果关系、演化关系等）来建立关联。这在文献②中被归纳成为关联（association）、泛化（generalization）、依赖（dependency）、聚集（aggregation）、组成（constitution）、分类（classification）、参考（reference）、顺序（sequence）、同步（synchronization）和判断（judgment）十种关系。Swan & Sue（1994）指出，在认知图中，存在许多概念关系，包括相似（similarity）（A 类似于 B）、接近（proximity）（A 接近 B）、分类（category）（A 属于 B）、连贯（continuity）（A 然后 B）和因果（cause-effect）（A 引起 B）五种基本结构。

  认知地图中的连线经常以链的形式出现，链的类型基本分为：

---

① 吴霞．隐性知识的管理理论和应用工具 [J]．情报资料工作，2005（6）：32-33．

② 金叶，周忠信，王清河，廉峰峰．一种可视化的知识管理建模语言 [J]．计算机工程与应用，2005，41（19）：177-181．

3 隐性知识的泛化管理——基于认知地图的意义维度

基本结构链、组织链和推理链。例如，在专家地图中，可以利用链接的长短和粗细分别表示可以获取的便利程度和知识载体的相关知识保有量。当然，这种链接也可以是动态多维度的，并且最终形成一个知识载体的网络图。

由于关系的复杂程度，连线的关系由层间联系和交错联系构成。知识地图的呈现方式有许多种，概念型与职称型的知识地图通常有三种适用的呈现方式，分别是：阶层式（hierarchies）、分类式（taxonomies）、语意网络式（semantic networks）。概念地图可以用来作为记忆系统信息处理时组织知识的模板，引导记忆系统层级地、分段地组织信息。而流程型的知识地图，其呈现方式则包括企业流程图、认知流程图、推论引擎等。

3.3.3 使用情境评价与总结

托尔曼认为，位置学习就是根据对情境的认知，在当前情景与达到目的手段、途径间建立起一个完整的符号系统。同托尔曼的认知地图一样，广义认知地图范畴下的诸多图示均是人们认知世界的工具，其各自有着不同的使用情境，或是促进记忆，或是促进联想，或是促进对问题的分析等。

知识情境刻画了与知识、知识活动相关的情形特征①。情境既能触发已有的隐性经验认知，也是知识共享和重用的重要基础。因为有了人类认知活动的丰富性，才有了广义认知地图应用的丰富情境。

比如，思维导图被认为是对发散性思维的表达，其初始目的是为了改进笔记方法，其改进后的学习能力和清晰的思维方式会改善人的行为表现；概念地图是用来组织和表征知识的工具，其最大的优点在于对知识的体系结构一目了然地表达出来，还突出表现了知识体系的层次结构，它还是很好的结构化知识评估工具；专家地图指示了知识源特别是技巧型隐性知识的拥有者；语义网络是表征和

---

① 祝锡永，潘旭伟，王正成. 基于情境的知识共享与重用方法研究[J]. 情报学报，2007，26（2）：179-184.

链接互联网上复杂知识对象的新型方法;决策树用于计算风险等发生的概率;鱼骨图用于问题的逐层分析与诊断,等等。

接下来要提出的狭义认知地图是挖掘和建构个体隐性知识以及促进组织隐性知识共享的过程与结果的综合体,最终作者将其用于企业隐性知识管理活动中特别是企业管理者的直觉决策行为上。模糊认知地图(Fuzzy Cognitive Map,FCM)是狭义认知地图的重要代表,若无特别说明,本书下文所指认知地图均指狭义认知地图。

3.4 认知地图的演进与发展

在认知地图概念体系逐步确立的过程中,许多学者在研究中经常使用心理地图(mental map)、意象(image)、主观地图(subjective map)和图式(schemata)等概念,逐步向概念地图(concept map)、模糊认知地图(fuzzy cognitive map)过渡。这反映了认知地图从无形走向有形、从古典走向模糊的发展趋势,认知地图在逻辑性的基础上逐步具有计算性。

3.4.1 学科角度的演进与发展——从无形到有形

认知地图发源于认知心理学,在经历了生理学研究、环境认知研究之后,认知地图有环境认知地图(cognitive map of environment)、城市认知地图(cognitive city map)、旅游认知地图(cognitive tourism map)、社会认知地图(cognitive society map)等,俨然成为反映人在社会化过程中,对社会化环境的主观认识的地图①。认知地图来源于对环境形象的感知和体验,因而带有直觉性和形象性。

按照信息论的观点,人在收集、储存了某一具体空间环境的信息并加以编码后,会在头脑中重现这一环境,不妨通俗地称为

---

① 马耀峰. 不同学科概念地图研究的反思[J]. 地球信息科学,2005,7(2):15-16.

3 隐性知识的泛化管理——基于认知地图的意义维度

"头脑中的环境"。托尔曼认为,认知地图是关于某一局部环境的综合表象,实质上它不仅可以是一张画或草图,也可以是一段文字或言语描述。

Peter Gould 和 Rodney White 认为,认知地图是一个由一系列心理因素转换所形成的过程,通过它人们可以获取、编码、存储、提取、编译那些与日常的空间环境有关的现象的相对位置和性质的信息和知识。从这个定义看,认知地图是一个认知过程,它是我们用于把握和理解周围世界的方法。

在管理学中,认知地图也被称为因果图(Causal Maps),是由 Ackerman 和 Eden(2001)提出的,它将"想法"(ideas)作为节点,并将其相互连接起来。想法不同于概念(concepts),它们大多是句子或段落。认知地图是以个体建构理论(Personal Construct Theory)为基础提出的,其中的"想法"都是通过带箭头的连接线连起来,但没有连接词,连接线的隐含意思是"因果关系"或"导致",且没有层次的限制。认知地图用来帮助人们规划工作,促进小组的决策①。

伴随着行为科学研究的产生和发展,认知地图被认为是可以解决涉及大量复杂指标系统的有力研究工具②。行为科学将认知地图定义为描述某一特定目标或众多问题因素之间因果关系的表现形式。

近60年的多学科研究使得人们能以平面和立体形式再现人脑中的认知地图,而1995年库恩用来分析认知表征软件 C-Map 的设计成功更标志着认知地图研究走向成熟③。随着认知地图研究的成

---

① 周宁,张芳芳,余肖生. 可视化技术在知识管理领域的发展[J]. 图书情报工作,2006,50(11):71.

② Stylios, C. D., Groumpos, P. P.. Fuzzy Cognitive Maps in Modeling Supervisory Control Systems [J]. Journal of Intelligent & Fuzzy Systems, 2000, 8 (2):83-98.

③ Golledge, R. G.. Reflections on Recent Cognitive Behavioural Research with an Emphasis on Research in the United States of America [J]. Australian Geographical Studies, 2003, 41 (2):117-130.

熟，其研究成果也被广泛应用于导航、探路、建筑、规划、环境设计、营销领域。

3.4.2 方法角度的演进与发展——从古典到模糊

Kelly（1955）首次将其引入因果关系的定性分析中，Axelord（1976）将其具体应用于政治分析中。至此，认知地图是表达和推理系统中概念间因果关系的图模型，通常由概念与概念间的关系组成。

古典认知图是一个二元组<V，E>，其中V表示概念的集合，E表示边的集合。箭头方向表示概念间因果关系的方向，表示一个概念如何影响另外一个概念变量的断言。每条边表示概念间的因果关系，它是一种三值逻辑。"+"和"-"分别表示概念间的两种定性因果关系："+"表示原因概念与结果概念呈同方向变化；"-"表示呈反方向变化；"0"表示不具有因果关系。

古典认知图（Classical Cognitive Maps，CCM）在数学意义上是指一个个体（一个agent或一个组织）关于它所处环境信任（belief）的断言（assert），它包括Kelly与Axelord的认知图。

由于认知图模型不能量化因果关系的变化程度，仅能表示概念间关系增加与减少两种定性状态，故Kosko（1986）在概念间因果关系中引入模糊测度，把概念间的三值{-1，0，1}逻辑关系扩展为区间{-1，1}上的模糊关系，提出模糊认知图模型（Fuzzy Cognitive Map，FCM），用于概念间模糊因果关系的表达与推理。它是一个将模糊反馈系统中的因果事件、参与值、目标与趋势通过各概念间的赋权边连接起来的有向图结构①。FCM可通过概念间的关系来表示模糊推理，通过整个网络中各概念节点的相互作用来模拟系统行为，是一种无监督模型。1992年，M. Hagiwara针对Kosko的FCM的缺陷提出了扩展模糊认知图（extended Fuzzy Cognitive Map，eFCM）。eFCM能表示概念间的时间关系、非线性关

---

① 骆祥峰. 认知图理论及其在图像分析与理解中的应用［D］. 合肥工业大学博士学位论文，2003：45.

3 隐性知识的泛化管理——基于认知地图的意义维度

系、因果间的延迟及条件权重等,能更自然地表示现实世界中的复杂因果关系,是以后各认知图模型扩展的基础①。

模糊认知地图(Fuzzy Cognitive Maps,FCMs)延伸了认知图的思想,可以用于描述概念的模糊关系程度(Pelaez,Bowles,1996),既可用于几何分析,也可进行数量分析。前者通常一般只用于说明存在的关系的情形。在数量分析中,概念用状态向量表示,用模糊关系矩阵表示概念间的关系程度。

$$[C_1,C_2,\cdots,C_n]\text{new}=[C_1,C_2,\cdots,C_n]\text{old}\begin{bmatrix} C_{11} & C_{12} & \cdots & C_{1n} \\ C_{21} & C_{22} & \cdots & C_{2n} \\ \cdots & & & \\ C_{n1} & C_{n2} & & C_{nn} \end{bmatrix}$$

其中,C_i 代表第 i 个概念,C_{ij} 表示从概念 i 到概念 j 的关系程度。

模糊逻辑显然比三值逻辑能携带更多的信息,因此,FCM 的表达和推理能力更强,是目前认知图研究的主流。通常认知地图也被称为模糊认知图,其中包含了两个基本维度和三部分主要内容。两个基本维度指边缘价值(edge values)和因果关系价值(causality values),三部分主要内容为:(1)概念节点用以表示描述因子和目标问题;(2)箭头记号用以说明两概念节点之间的关系;(3)因果关系因子之间的箭头依记号强度是正或负用以表示一个节点对另一个节点的影响②。

模糊认知图是一种混合的方法,它充分利用了模糊逻辑的模糊信息处理能力、认知图的因果关系的传播方法和神经网络的动态自适应特性,能很好地将三者结合在一起,并有利于知识的合成。目前,FCMs 已经被成功地应用到股票投资、工业过程控制、信息风

---

① 高隽. 智能信息处理方法导论 [M]. 北京:机械工业出版社,2004:305-310.

② Inwon Kang, Kun Chang Lee, Sangjae Lee, Jiho Choi. Investigation of Online Community Voluntary Behavior Using Cognitive Map [J]. Computers in Hman Behavior, 2007, 23 (1): 111-126.

险评估和策略信息系统规划等领域中进行决策分析。

3.4.3 狭义认知地图的特征解析

3.4.3.1 管理模式的综合性

认知地图的构建符合了认知范式和行为范式。作为一种获取个体对某问题认知的图形表征的方法，在使用该方法时，通常先通过访谈、问卷等方式得到被试关于某问题的认知情况，然后再对其进行分析与建构，形成认知地图。

依据 Nonaka 和 Takeuchi 的知识创新模型，可以对隐性知识采取以下两种管理模式：一是针对隐性知识的明示，将隐性知识转化为显性知识，编码化，再利用管理显性知识的方法对其进行管理；二是针对隐性知识潜移默化的交流，拥有者直接与需求者进行隐性知识的交流，让隐性知识的拥有者相互学习，扩大组织内个人知识的影响。这分别对应着隐性知识管理的编码化（codification）策略和个人化（personalization）策略。

在欧美公司，强调搜集、分配、重复利用和测量已有的被编码的知识，实践者们运用信息技术捕捉和分配这些显性知识。在日本公司，强调创造合适的气氛和条件，以利于隐性知识的交流，比如岗位轮换、师徒制、长期雇用等等。

中国的知识管理模式讲究采用平衡"编码化"（codification）及"个人化"（personalization）策略的中庸之道。中国企业实施知识管理非常强调"实用"，希望短期就能看到具体收益，所以很多企业喜欢投资于建设知识管理 IT 系统。但另一方面，基于中国的历史及文化传统，中国人一般喜欢非正式和隐喻的交流形式，通过人际关系交流来传递知识，所以人们习惯在自己的小圈子内通过口头的方式来分享知识。

认知地图（cognitive map；又称认知映射，cognitive mapping）作为一种综合了流程与技术的知识管理技术，在作 cognitive mapping 解时，它提供了对隐性知识的强化、显化、固化的流程化管理思路，强化和固化体现了人际化（personalization）策略，而显化则体现了编码化（codification）策略。所以说，认知地图的综合性模

3 隐性知识的泛化管理——基于认知地图的意义维度

式切实符合了中国的知识管理现状。

3.4.3.2 研究方法的双重性

定量研究的过程尤其是定量因果分析的过程，其实也是研究者对社会现实进行建构和简化的过程①。故而，认知地图具有建构主义与实证主义相结合、定性和定量研究并存的双重研究思路。

认知地图构建过程基于乔治·凯利的个人建构理论，因为认知地图通常产生于访谈，所以它们代表的是被访谈者的主观世界。基于这样一种认识论假设：人类是主动地创造和构建他们的个人认知世界的，个体间通过相互作用对现实世界赋予了各种意义②，人们的行为是建立在原因和结果的模型建构基础之上的。

但同时，在定量研究方面，认知地图是一种具有开发规范的形式化建模技术。认知地图特别是模糊认知地图（FCM）的显著特点就是系统之间具有简单的可加性，并能表示很难用树结构、Bayes 网络及 Markov 等表示的具有反馈关系的动态因果系统。模糊认知地图可以执行认知模型并研究模型的动态行为。

为解释这种研究方法的双重性，我们必须明确以下两点：

首先，在因果分析的逻辑和因果关系的建构方面，定量研究与定性研究之间存在很强的相似性。在对认知地图中概念间关系赋值时，两种研究方式都要观测并解释下一层概念的变化；在对可能的论证链进行推断时，都离不开研究者对现实的简化与建构。

其次，定量研究与定性研究相结合不但是可能的，也是必要的。如上所述，寻找、推测可能的原因，不只是一种统计分析的过程，更要靠理论和逻辑推理，对因果机制的描述和解释更是需要发挥研究者的想象力。对因果机制的描述和解释往往需要研究者对被研究者的思维、情感和动机等进行理解，而要进行这样的理解，采取定性研究方法对被研究者进行深入访谈是十分必要的。

---

① 游正林. 建构中的定量因果分析 [J]. 华中师范大学学报（人文社会科学版），2008, 47 (2)：33-37.

② Rutkowski, A. F., Smits M.. Constructionist theory to explain effects of GDSS [J]. Group Decision and Negotiation, 2001, 10: 67-82.

因此，认知地图正是因为完美实现了定性分析和定量计算的结合，才为分析实际问题提供了新的思路。

3.4.3.3 应用范畴的广泛性

1976年，政治科学家Bob Axelrod编写了《决策结构》(Structure of Decision)一书，引入了认知地图的研究方法，他与Colin Eden、Sue Jone以及David Sims等研究政府政策的制定者开创了政策研究的新视野。1990年，Huff出版了《绘制战略思想》(Mapping Strategic Thought)，是该领域的里程碑作品，Huff和Fletcher在书中总结道："认知地图几乎可以用来研究与人类活动相关的任何问题。"书内首先将认知地图延伸应用到策略管理方面。至今，认知地图在组织行为以及策略管理研究上主要应用在以下议题：管理思想、决策制定、谈判、组织认知以及策略。

认知地图已经在各个领域的科学，如心理学、规划设计、地理及管理学得到了广泛应用。现阶段，国内外学者对认知地图的研究逐步加深，尤其是自动化、计算机相关领域的研究人员对认知地图以及模糊认知地图进行了算法上的改进与优化。另外一些研究管理决策的学者也都尝试使用认知地图作为管理者进行决策的工具，应用于各个领域。

认知地图被广泛应用于获取复杂的个人心理模型，可以提供商业策略分析的起始点状态①，使系统可视化建模和仿真②。认知映射工具最成熟的应用是在战略制定领域，它帮助揭示和探讨了一个管理团队或董事会的隐性知识包括信念、推断、价值观、期望和疑虑等。

在管理学领域，管理科学的两个权威杂志《管理科学研究》(Journal of Management Studies)和《组织科学》(Organization Sci-

---

① Bryson, J.M., Ackermann, F., Eden, C., Finn, C.B.. Visible Thinking: Unlocking Causal Mapping for Practical Business Results [M]. John Wiley &Sons, Chichester, 2004.

② Sterman, J.D.. Business Dynamics: Systems Thinking and Modeling for a Complex World [M]. Irwin McGraw-Hill, Boston et al, 2000.

ence）先后两次出版了关于认知地图的特刊。正因认知地图在组织以及管理方面逐渐地成长，管理和组织认知（Managerial and Organization Cognition，MOC）兴趣组在全球管理学会（Academy of Management）成立，不仅进一步加速了认知地图的研究，而且确认了认知地图作为一种重要的研究工具在学术界的合法地位。

在运筹学领域，从运筹学和管理组织认知的角度，Eden 和 Spender 等人于 1998 年提出了比较认知地图（Comparative Cognitive Map）的新观点。Kosko 将认知地图和模糊集合理论有机地结合到一起提出了模糊认知地图的概念。模糊认知地图拓展了认知地图的应用领域，于是认知地图类似于系统动力学模型，于是我们可以利用模糊集合理论、模糊神经网络等对某领域的认知结构进行定量化的建模，属于一种软运筹学方法。

在信息系统科学领域，认知地图作为重要的知识提取工具，其应用研究关注如下两类问题：（1）如何利用认知地图增加共识；（2）如何利用认知地图找出信息系统问题的解决方案。2000 年，Nelson 等人关于揭示认知地图方法论的研究论文中不仅提供了认知地图在具体信息系统领域中的具体实施方法，而且提出了认知地图的新的研究领域——"再现"研究（evocative research）[1]。近年来，认知地图作为一种定性化的研究方法，在信息系统科学中的研究逐渐升温。

3.4.4 狭义认知地图的优越性及发展方向评述

对管理者而言，将认知地图应用在管理领域，以及在绘制认知地图的过程中，能够得到四个好处（Fiol & Huff，1992）：（1）将管理者不同的想法组织起来，帮助其回忆过去成功的经验以协助决策；（2）当管理者面对过多信息时，认知地图可以帮助管理者突显优先权较高的事项；（3）当管理者在制定决策时，能重新思考图内的想法是如何联结的，进而找出图面上所遗漏的信息；（4）

---

[1] 郝金星. 基于概念地图的结构性知识分析研究 [D]. 武汉大学博士学位论文，2007：44.

认知地图将信息聚合在一个图面上，可以显示收集的资料是否完整，并且凸显需要直接关注的地方。因此，认知地图的功能对制定组织决策是非常有用的，它能够利用图形及符号表达参与者心中的想法，同时也能展现人们进行思考和选择的过程（Eden，1992）。

Florence Rodhain 在他的文章中说明了认知地图在商业战略的思考模型的明示中所起的作用：（1）认知地图能够实现思考模型的形成；（2）认识地图解决复杂的、含糊不清以及难于架构的问题，它能够使想法澄清或是直接架构起来；（3）认知地图是一种适宜交流想法的工具；（4）认知地图的精巧性可以实现考虑更多的可能行动路线①。由此可以看出，认知地图使得隐性知识可以被清晰地表达、被准确地记录以及被方便地再学习。

因为可以分析大量并且尚未整理过的资料，所以认知地图成为很受欢迎的研究工具。借由认知地图能呈现参与者对于议题的观点，并以详细的交互影响来表达参与者对议题的推论，而且能够表示参与者对研究议题的因果看法，采用认知地图作为研究工具，在建构认知地图的过程中对于研究者分析议题有八大好处②：（1）理解所思考的点；（2）解决问题与系统性思考；（3）建构与组织抽象概念；（4）将信息储存于外部；（5）在团体中学习；（6）激发创造力；（7）从经验中得出意义；（8）改变回应模式。

由于模糊认知地图（FCM）的引入，与传统的基于一阶谓词逻辑的知识表示和推理方法相比，它逐渐成为一种新的知识表达和推理方法③：

首先，FCM 可以很好地表示出概念之间"含糊"的因果关系。传统专家系统中知识的表示，即要素（概念）间的因果关系

---

① Florence Rodhain. Tacit to Explicit：Transforming Knowledge Through Cognitive Mapping-an Experiment [J]. SIGCPR'99, 1999, 4: 51-56.

② Bryson, J., Ackermann, F., Eden, C. and Finn, C.. *Visible Thinking：Unlocking Causal Mapping for Practical Business Results* [M]. London: Wiley, 2004.

③ 李实，苗原，刘志强，孙增圻. 模糊认知图及其应用 [A]. 1999 年中国智能自动化学术会议论文集（下册）[C]. 1999.

是明确的，进行的推理是基于符号的，因此它很难表示概念之间的模糊关系和进行模糊推理。所以，传统知识表示和推理方法在应用中有一定的局限性。FCM 的这一特性使它的应用领域十分广阔。

其次，传统的专家系统通过条件句"If-Then"的形式进行知识的推理，这种表示形式实质上是一种树型结构（或不含环的网），所以很难进行因果关系之间的循环推理，无法表达反馈机制。而实际情况中，循环推理是十分常见的。相比之下，FCM 可以很容易地实现循环推理。

此外，FCM 可以表示出实际系统中可能发生的周期振荡等复杂现象，这也是传统方法所难以表示的。因此，基于 FCM 的系统模型可以更真实地模拟分析实际系统的行为。FCM 的矩阵推理方式也是其主要的特点之一，这使得 FCM 的推理过程更简洁、快速。

在对以上认知地图研究总结的基础上，结合翟东升①、高隽②、王田③等人的论述，我们给出认知地图在社会科学领域特别是知识管理领域的几种可能的发展趋势，以期对认知地图的研究与发展起一定的推动作用：

（1）由于现实世界是丰富多彩的，在复杂动态系统中假设只存在因果关系是不切实际的。因此，在认知地图中引入其他关系是值得研究的。

（2）由于联系的多样性，不可避免地出现概念间的"and/or"关系，如何在概念间的关系中表现"and/or"关系是必须的。

（3）由于系统的复杂性及概念间的相互作用及外部强迫函数的作用，概念间的关系可能会发生改变，甚至这种改变与原来的关

---

① 翟东升，张娟，周娟. 综合模糊认知图与 BP 神经网络的建模方法新探［J］. 统计与决策，2008，（4）：147-149.

② 高隽. 智能信息处理方法导论［M］. 北京：机械工业出版社，2004：310.

③ 王田，梅洪常，张伟. 影响消费的诸因素分析及模型化描述方法研究［J］. 消费经济，2005，21（5）：12.

系是矛盾的。而在CM,eFCM及DCN中都不具有非单调推理的能力,因此,认知地图中应该具有非单调推理的能力。

(4) 认知地图应该是定性推理与定量计算相结合的模式。它不仅有基于规则的定性推理,而且还存在基于知识的定量计算。

(5) 认知地图不仅应具有结果概念的输出,而且还包含这个输出结果的可信度。

(6) 认知地图由专家构造,但这种方法有可能造成系统的失真,因此专家构造与基于知识的训练相结合的方法,以最大限度地反映现实世界。

4 隐性知识的表达
——基于认知地图的途径维度

不像概念地图和思维导图,认知地图是记录下动态的行为,它可以将组织内部成员做出判断、解决问题的过程逐一记录下来,同时使想法澄清或者直接架构起来,形成思考模型,是一种适合交流想法的工具。具体过程如下:通过各种途径搜集已存在的想法→收集建构认知地图的信息→将所有的想法用一种合理的方式串联出最终的地图。由于构建的信息通常都是隐性信息,所以并不拘泥于一种固定的交流模式,既可以是面对面的访谈也可以是小组成员的讨论。认知地图可以使隐性知识得以清晰的表达,以及被准确记录和再学习。认知地图被广泛应用于获取复杂的个人心理模型,以便提供商业策略分析的起始点状态,以及使系统可视化来建模和进行仿真模拟设计,也被叫做"oval map"、"influence diagrams"和"patterns of interactions",是一种分析复杂性的图形化思考工具。人们之所以采用图形,原因在于理解事物之间的关系、联系和结果时,大脑会在图形的辅助下运转得更好。Geoff Coyle①提出了解析复杂性的四种工具:(1)心智图(mind map)——有助于整理基本观点、分解出问题中起作用的因素;(2)冲击轮(impact wheel)——描绘某个趋势、事件或难题当前的效应,以及显示过去的力量怎样对现在和未来的结果造成冲击;(3)"为什么"图解(why diagram)——展示了隐藏在问题背后的原因;(4)影响图

---

① 杰夫·科伊尔著. 战略实务:结构化的工具与技巧[M]. 常东亮,王春利译. 北京:中国人民大学出版社,2005:19-47.

（influence diagram）——解决的是反馈效应，说明了背景当中的引致机制是如何产生动态行为的。

而认知地图除了未能反映因果关系或者行为和结果在时空上的距离之外，基本囊括了上述几种思考工具的功能，其综合性可见一斑。鉴于上一章仔细评述了广义认知地图与狭义认知地图，作者约定后续章节所指认知地图均指狭义认知地图，即反映建构因果逻辑的具备定性推理能力的认知地图。

4.1 狭义认知地图的全面解析

4.1.1 狭义认知地图的结构解析

1948年，托尔曼在《老鼠与人的认知地图》（Cognitive Maps in Rats and Men）一文中首次提出认知地图，目的在于为心理学建立一个模型，但此后认知地图便由其他学者借用。他们的共识是把认知地图描述为有向图，认为认知地图是由一些弧连接起来的节点的集合，但分歧在于不同的学者对弧与节点赋予不同的含义。现在学者们倾向于认为认知地图是表示人类智力模式的一种可视化技术，将各种想法（ideas）作为节点，并将它们联系起来形成图形，是一个由节点组织的有向图[1]。认知地图强调提取和表示人脑中各种想法之间的关系，特别是因果关系，将反映想法之间的因果关系的一类图称为因果图[2]（causal map）。由于认知地图中的关系居多反映的是因果关系，因此常常将认知地图等同于因果图。

4.1.1.1 节点的隐喻

认知地图是表达和推理系统中概念间因果关系的图模型，通常

---

[1] Eden, C. Analyzing Cognitive Maps to Help Structure Issues or Problems [J]. European Journal of Operational Research, 2004, 159 (3): 673-686.

[2] Narayanan, V. K., Armstrong, D. J. Causal Mapping: An Historical Overview, in Causal Mapping for Research in Information Technology [M]. Hershey: Idea Group, 2005: 1-9.

4 隐性知识的表达——基于认知地图的途径维度

由概念（concept）与概念间的关系（relations of concepts）组成。用节点表示的概念可以表征某一系统的原因、结果、目的、感情、倾向、动作及趋势等意义，它反映系统的属性、性能与品质。

认知地图中的很多节点都会产生下一层次的分类子节点，这些分类子节点构成了上层节点的丰富性和清晰性，一个模糊而单薄的节点往往没有什么分类子节点，一个丰富而清晰的节点往往拥有众多的分类子节点。而认知地图的一个重要特征就是它提供了许多主体的认知分类。关注头节点，因为这是认知地图的最终落脚点，它往往反映了组织的目标和价值观。

在此，作者特别说明为什么使用"节点"而不是"结点"，来描述认知地图中的结构元素。"结"代表联结，而"节"意味着关节，更能表达连接的逻辑性和层次性。

4.1.1.2 弧的隐喻

Eden、Ackermann 和 Cropper 建议用"因果"来代替"认知"以强调认知地图中弧的定义。认知地图概念间的关系指的是概念间的因果关系，用带箭头的弧表示，箭头的方向表示因果关系的指向，这样，在认知图中很容易概览系统中各概念间如何相互作用，每个概念与哪些概念具有因果关系。

Cossette 使用因果脉络图分析泰勒的思想，从泰勒的两本著作中找出有因果脉络的叙述，并且据此绘制出表示泰勒认知架构的因果脉络图。其利用以下的因果句、动词、带有连接关系的表示句来建立泰勒思想中具影响力关联（influential links）的两种概念。

其中包含的词汇有：因为（because）、为了（in order to）、以……为目的（with a view to）、导致（leads to）、影响（influences）、引起（causes）、解释（explains）、产生（results）、导致……的结果（has the consequence of）、使可能（makes possible）、允许（allows）、增加（increases）、减少（reduces）。

模糊认知图 FCM 与神经网络的最主要区别在于 FCM 的每一个

---

① Cossette, P.. Analysing the Thinking of FW Taylor Using Cognitive Mapping [J]. Management Decision, 2002, 40 (2).

节点与边都有很强的语义（semantic），从而使整个FCM的图结构呈现很强的语义，并且没有输入输出端，可以看成复杂的语义网络；而神经网络具有定义与算法，具有输入输出端，是一种数值框架，不能直接编码结构化知识，因此只有很弱的语义①。

4.1.1.3 权重的意义

Kelly（1955）依据个体建构理论（Personal Construct Theory）提出的认知图是现有研究的原型，它的概念是二值的，概念间的关系是三值的，即利用"0"表示概念间不具有因果关系，"+"、"-"表示概念间不同方向因果关系的影响效果。

Axelord（1976）提出的认知图比Kelly的更接近于动态系统，节点能自主取值并用弧线表示因果判断（causal assertions）。设定图中节点C_i是概念，C_i具有一定的状态，状态值是模糊值也可为二值{0, 1}，以表示概念状态存在的程度或处于的开/关状态——它有两个不同的弧，类型为"正"表示原因节点的变化能导致结果节点同方向的变化，类型为"负"表示原因节点的变化能导致结果节点呈反方向的变化。

1986年，Kosko等人在Axelord认知图的基础上提出模糊认知图，把概念间具有的三值逻辑关系扩展为区间[-1, 1]上的模糊关系，节点之间权重越靠近临界值，则代表节点之间的影响越强烈。比如，W_{ij}为原因概念C_i对结果概念C_j的影响程度，其为模糊值，经常用三角模糊数表示，也可退化为{-1, 0, 1}三值逻辑。若$W_{ij}>0$，则W_{ij}表示C_i的变化引起C_j同方向变化的程度；若$W_{ij}<0$，则W_{ij}表示C_i的变化引起C_j反方向变化的程度；若$W_{ij}=0$则表示概念C_i与C_j不存在因果关系。由于模糊逻辑比三值逻辑能携带更多的信息，因此，FCM在定性推理中起着更大的作用，并成为认知地图研究的主流。但是它不具有时间的概念，只能表示概念间的线性因果关系。

---

① 卜心怡，刘潇潇，陈峰. 基于动态模糊认知图的隐性知识定量化表示[J]. 情报学报，2007, 26 (6)：840.

4.1.1.4 回路的意义

Eden 在研究认知地图的作用时强调回路（feedback）的重要性，特别是当对于一个管理问题存在许多观点的时候。

认知地图是从目标出发，进行发散思维，并不断挖掘导致相关因素变化的原因，认知地图的中心目标只有一个，其他均是影响这一目标的因素。认知地图也基本遵照树形结构，由根节点到叶子节点依次排列目标和因素，但也有节点存在多个父节点或环状结构，整体上呈现为网状结构。

在这种网络图中，概念之间的联结会形成正向影响的循环或者负向影响的循环，亦即在循环内第一个概念依循着联结指向第二个概念，第二个概念同样依循联结指向第三个概念，依次类推，最后会回到第一个概念，这些概念之间形成一个循环。研究者们期望找出概念的正向回路以及负向回路，这与系统思考图中的增强环路和调节环路有异曲同工之妙——增强环路的含义在于这个环路上的所有变量，造成整个动环呈现成长或衰退的现象，调节环路的特征可以从变量表现的行为来看，到最后会停在某个目标值上，且稳定地保持在那个目标值上。

FCM 自身相当于一个非线性动力系统，像神经网络一样，它将有限输入状态映射为输出平衡态，每个输入都在虚拟空间中开辟一条回路①。由于回路的存在，可通过概念间因果关系的传播模拟模糊推理，通过整个网络各概念的相互作用模拟系统的动态行为，以一种软计算（soft computing）的方式解释或解决复杂的系统问题。

4.1.2 狭义认知地图的表达视角解析

一个人在其日常工作和生活中，不断地进行着隐性知识到显性知识的转化，称为描绘和表达，或其反过程，称为感知和阐释，个

---

① 张桂芸，马希荣，杨炳儒. 复杂系统模糊认知图的分解研究 [J]. 计算机科学，2007，34 (4)：130.

体层次的知识流动过程如图4-1所示①。显性知识好比是隐性知识的"映射"(mapping)、"表达"(representing),或是"具体化"(embodying),人之所以拥有显性知识,都是通过把逼真、动态的隐性知识具体化得到的。反之,产生隐性知识,要么是直接获得,要么是通过对显性化的隐性知识进行智力建构而得到②。在智能化系统中,一般认为知识表达处于中心地位,它既是学习与获取知识的基础,又是记忆、处理与利用知识的前提③。

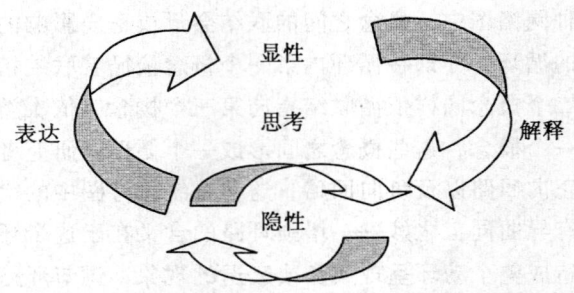

图4-1 显性知识和隐性知识在个体层次的知识转化流动过程④

之所以可以通过狭义表达视角来看认知地图,是因为人类认知的一个基本问题是因果归纳,即人们是如何发现和获得因果关系的,同时组织竞争优势的不可复制也是因为因果模糊的存在。因果知识表示与推理是人工智能中非常重要的研究领域,通常涉及许多相互作用的事物及其关系。由于缺乏有力的分析工具,对这类知识

---

① Bettoni, M. C., Schneider, S.. Experience Management: Lessons Learned from Knowledge Engineering [J]. German Workshop on Experience Management, Berlin, March 7-8, 2002.
② 姜修东. 组织内员工隐性知识共享的显性度研究 [D]. 武汉科技大学硕士学位论文, 2008: 12.
③ 伍奎, 李润方, 刘景浩. 智能化系统的知识表达与推理机制 [J]. 机械工程学报, 2005, 41 (5): 98-103.
④ 姜修东. 组织内员工隐性知识共享的显性度研究 [D]. 武汉科技大学, 2008: 12.

的处理包括提取、分析及应用显得比较困难。在这种情况下，一些其他技术包括定性推理技术应运而生，认知地图就是这种定性推理技术的一种。

在众多研究或利用因果关系的方法、模型如结构方程模型（又称因果模型）、影响图、系统动力学模型、平衡计分卡、因果图（鱼骨图）等之中，认知地图具有其软科学研究方法的研究优势，并且在定性的逻辑推理和定量的计算模拟上不逊色于上述方法及模型。

作者认为，将一般关系的认知规约为因果关系的认知具有深刻的意义：（1）因果关系是存在于各种现象的普遍关系。管理过程中需求、价值、生产能力等各项客观指标的引入，意味着客观指标与资源的分配建立在因果关系理论基础之上。研究问题应注重从因果机制出发，分析各因素之间构成的因果反馈环，才能从纷乱的现象中找出其发生的内在原因和形成机制。（2）因果映射是一种研究隐性惯例的较为合适的方法，因为它使管理者集中关注于行为。隐性惯例与做事相关，具有目标导向，而因果关系提供了一种优于其他关系的潜在的、高水平的过程性知识①。并且，因果映射在微观的层次上研究问题，可以描绘出各种不同的解释及结果，并揭示因素与潜在的困境之间的关系②。（3）个人隐性知识的编码化表达与存储需要借助因果关系。美国著名的心理学家斯滕伯格认为，个人隐性知识是程序性的，可以采用"如果<条件>——那么<行动>"的形式来表述，即"如果<先决的条件>那么<随之发生的行动>"③。这使得隐性知识具备了定量化表达、计量甚至动态推理

---

① [英] 维洛尼克·安布罗西尼著，詹正茂，陈婷婷，曹舒弢，等译. 隐性资源：企业赢得持续竞争优势的源泉 [M]. 北京：经济管理出版社，2006：43.

② Eden, C.. Cognitive Mapping: a Review [J]. European Journal of Operational Research, 1988, 36: 1-13.

③ [美] 斯滕伯格著，吴国宏译. 成功智力 [M]. 上海：华东师范大学出版社，1999：78.

及存储的理论基础。

正如彼得·圣吉所述,系统思考是这样一项修炼,它使得人们"看清复杂状况背后的机构,以及分辨高杠杆解和低杠杆解差异",它要求人们研究事物时要观察"环状因果的互动关系,而不是线性的因果关系","一连串的变化过程,而非片段的、一幕幕的个别事件"①。事实上,有学者认为,由信息到知识要经过比较(comparison)、因果(consequences)、关联(connections)、互动(conversation)。因果关系有很多种函数表达形式,如Koulouriotis等在2003年提到的,有线段、阶梯形式、符号、曲线等。

作者认为有必要区分与联系一下知识表达与知识表示,知识表示是知识的符号化和形式化的高级逻辑方法,就是按知识逻辑表达知识元素和知识关联,而知识表达方式一方面决定着知识处理和知识被利用的效率,一方面还决定着知识应用的形式。其又可以分为说明性知识表达、直接式的知识表达、产生式的知识表达、可视化的知识表达(也即信息地图表达方式)和综合性的知识表达②,而认知地图可以算作是一种综合性的知识表达。

良好的知识表达法应该具备如下特征:(1)表达能力——精确地表达知识,避免知识模棱两可;(2)表达效率——精简地表达知识,避免太多不必要的噪声;(3)推理效率——结构化地表达知识,以便快速推论来得到答案;(4)易理解性——清楚地表达知识,让知识表达符合人类的思考模式;(5)易管理性——弹性地表达知识,让纠错修改更为容易。而对于认知地图在上述五个方面的考虑,需要我们在研究与实践中逐渐摸索与评估。

---

① 彼得·圣吉著,郭进隆译. 第五项修炼——学习型组织的艺术与实务 [M]. 上海:三联书店,2004.
② 鄢珞青. 知识库的知识表达方式探讨 [J]. 情报杂志,2003,22(4).

4.2 基于认知地图的隐性知识表达流程

王德禄①认为知识管理中的一个重要观点,就是"隐性知识比显性知识更加完善,更加能创造价值,隐性知识的挖掘和利用能力,将成为个人和组织成功的关键。"

为了充分利用认知地图来表达隐性知识,拥有一套合理完整的认知地图的应用流程是必要的。这个流程应该引导用户构建认知地图,指明应该实施的具体行动及其实施方式。正如本体论在企业隐性知识管理中隐性知识的获取、流动、共享阶段中起到的结构化存储、知识失真、知识进化、知识推送等作用②,为建立基于认知地图的隐性知识管理流程,必须深入分析知识管理流程以及认知地图的建构方法,研究如何将认知地图的思想嵌入知识管理流程。

在地图学中,地图作为媒介,其认知模式有两类性质,一类是地图作者的设计编辑的认知模式;另一类是地图读者的阅读使用模式。而作者拟从地图作者的认知模式引出隐性知识挖掘与建构流程中认知地图起到的作用。

地图作者强调对所要表述信息内容、信息形式、方法的认知。地图作者的认知过程是系统地接受和直接储存信息,主动过滤、选择和组织信息,并将所接受的无序刺激阵列组织编排成有序的可应用信息,并在信息的加工过程中发现隐含信息,通过命题、隐喻、转喻、意向图形等表述方法使所加工的信息生动并适合阅读。地图作者的认知目的是在信息加工(包括设计、编辑)过程中,指导信息的选取和表现方式,并引导读者正确感受和理解地图中所表达的信息,见图4-2所示。

---

① 王得禄等. 知识管理:竞争力之源 [M]. 南京:江苏人民出版社,1999:41.

② 梁启华,何晓红. 基于本体论的企业隐性知识转化与共享系统框架 [J]. 情报科学,2006,24 (1):85.

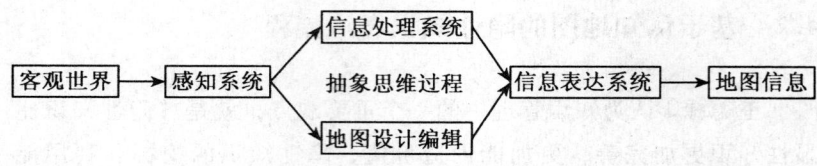

图 4-2　地图作者的认知模式

日本著名的管理学教授野中郁次郎（Ikujiro Nonaka）和竹内弘高（Hirotaka Takeuchi）认为，知识创造的流程模型必须要对流程本身进行有效管理，必须要对知识创造的动态特征有深入了解——基于上述两点，他们共同提出了 SECI 模型。

知识流动的过程就是知识得以融合、序化、创新的过程，它是知识管理系统的命脉。知识管理流程包括知识图、工作流、集成、最佳工作方法、商务智能、工作标准等。知识流程是一种没有终点的流动过程，它是外部知识源通过知识获取、知识处理、知识发现、知识传播与共享、知识使用与创新等环节相互连接、循环往复的。流程是贯穿知识管理的总纲，现有的知识管理框架、架构、模式、模型、策略等概念均建立在企业的知识管理流程之上，没有与业务流程进行结合，就谈不上对企业业务的支持，就会变成没有生命力的知识管理。

具体说来，可以通过以下步骤促进隐性知识向显性知识的转化：通过发现、挖掘、引出和沉淀来推动知识从动态隐性转移到动态显性；通过试用、修正、判断和固化来推动知识从动态显性转移到静态显性①。

类比来看，企业知识管理流程规约到知识地图的制图流程，可以分为工作流程分析、工作内容盘点、工作知识需求分析、职位分

---

① 刘宏君，邓羊格. 如何让隐性知识"显形"？——专访深圳蓝凌咨询公司首席知识管理专家邓文彪 [J]. 中外管理，2004（1）：28-29.

4 隐性知识的表达——基于认知地图的途径维度

析、工作分析、企业知识分类、界定知识运用范围等几个步骤①，Gartner Group 更是基于知识管理流程，提出了四个构建知识地图的主要活动：知识索引、知识轮廓与个性化、知识审计、知识制图②。其中除知识审计为间歇活动外，其他均为连续活动。

20 世纪 70 年代，认知心理学从信息加工角度审视了认知地图的本质，提出了认知地图的实质是认知映射（cognitive mapping），即一个对于外部环境信息进行包括获取、编码、存储、内部操作、解码等操作的动态过程。Peter Gould 和 Rodney Whi③ 则认为，认知地图由一系列心理因素转换所形成，人们可以通过它获取、编码、储存、提取、编译那些与日常的空间环境有关的现象的相对位置和性质的信息和知识。从这个定义看，认知地图是我们用于理解和把握周围世界的方法，是一个认知过程。

认知地图的采用并非一蹴而就，到 1955 年 George Kelly 才由个人建构理论（Personal Construct Theory）发展出表格法（Repertory Grid）以绘制认知地图，成为认知地图在管理领域广泛应用的发端。表格法中要求受访者先思考三种要素，并透过相似性或者对比分成两类，最后询问："为什么这两个要素会归在同类或者第三个要素与其他两个不同？"由从受访者的思考中析取出构念（construct）。而后 David Hinkle 发展出蕴含方格（Implication Grid），即将构念通过比较以找出其中一个构念是另外一个构念的蕴含意义，也就是认知地图的原型。蕴含方格成为管理研究者在组织管理或者行为科学研究中采用认知地图的模板。

认知地图的绘制步骤是：①针对领域选题以确定认知地图的质量特性；②尽可能遍历所有可能会影响结果的因素；③找出各因素

---

① 知识地图［EB/OL］．［2010-2-1］．http：//blog. lib. nctu. edu. tw/index. php? op=ViewArticle&articleId=805&blogId=30.

② Morten, T. H., Nitin Nohria, Thomas Tierney. "What's Your Strategy for Managing Knowledge?" Harvard Business Review, March-April, 1999：106-116.

③ 周宁，张芳芳，余肖生．可视化技术在知识管理领域的发展［J］．图书情报工作，2006，50（11）：71.

之间的关系，在认知地图上以因果关系箭头连接起来；④根据影响结果的重要程度，将有显著影响的重要因素标示出来；⑤在认知地图上标示必要的说明信息。

诸多国外研究学者提出了各自的应用流程，本书旨在系统梳理已有的研究成果，了解认知地图构建的研究现状，提出适于企业隐性知识表达与共享研究情境下的一套流程体系。

John Venable[①]在《认知地图用于决策情景建模》（Coloured Cognitive Maps for Modelling Decision Contexts）中提出了问题诊断（Problem Diagnosis）——认知地图转换（CM Conversion）——解决方案派生（Solution Derivation）的三阶段流程，其中第二阶段是将认知地图由描述问题的困难之处通过赋予概念以动态意义而转变成问题的解决方案。

Tatiana Bouzdine-Chameeva[②]等人在《商业关系价值的认知映射》（Cognitive Mapping Methodology for Understanding of Business Relationship Value）中基于ANCOM软件完成了对商业关系价值的认知映射，分为三个阶段：（1）数据采集过程。构建一个包含50~150个想法的列表，由组织中的所有参与者完成；（2）构建和比较个人认知地图；（3）构建组织的集体认知地图。类似地，Emel Aktaş[③]在其演讲《认知地图与贝叶斯网络》（Cognitive Maps and Bayesian Networks，2007）中讲解了组织认知地图的构建的五个步骤：（1）针对待解决的问题，收集不同的人对其的相关概念列表；（2）准备一个概念集合；（3）两两比较，揭示概念之间的关系；

---

① John Venable. Coloured Cognitive Maps for Modelling Decision Contexts［EB/OL］.［2009-11-21］. http：//citeseerx. ist. psu. edu/viewdoc/download? doi = 10. 1. 1. 95. 2873&rep = rep1&type = pdf.

② Tatiana Bouzdine-Chameeva, Fhnoois Durrieu, Tibor Mandjak. Cognitive Mapping Methodology for Understanding of Business Relationship Value（2001）［EB/OL］.［2010-2-1］http：//intraspec. ca/cogmap/150. pdf.

③ Emel Aktaş. Cognitive Maps and Bayesian Networks（2008-2-23）［EB/OL］.［2009-12-1］. http：//www. isl. itu. edu. tr/ya/cognitive_maps_bayesian_networks. pdf.

4 隐性知识的表达——基于认知地图的途径维度

(4) 构建个人认知地图；(5) 合并个人认知地图。

David P. Tegarden 和 Linda F. Tegarden① 等人在《揭示管理组织中认知分布的知识管理工具》（*Knowledge Management Technology for Revealing Cognitive Diversity within a Management Team*）一文中介绍了用于战略规划的 GCMS 系统流程：(1) 提取概念；(2) 识别并定义类别；(3) 概念分级；(4) 类别排序；(5) 关系识别；(6) 认知子群识别。在之后的研究中，David, P. T. 和 Steven, D. S.② 进一步提出了组织管理性认知的评价方法，包括：(1) 类别分析；(2) 重要性排名和等级分析；(3) 认知地图分析（复杂性和认知一致性水平分析，Givens-Means-Ends 分析及因果主题分析）。

美国堪萨斯大学 Sanjay Mishra③ 等人在《管理资本投资决策：一个基于知识的方法》（*Managing Venture Capital Investment Decisions: A Knowledge-Based Approach*）一文中针对风险投资的决策过程，论述了基于认知映射的方法来构建专家贝叶斯网络的三个步骤：(1) 从风险资本专家头脑中提取原始因果地图；(2) 将原始因果地图预处理成为贝叶斯因果地图；(3) 标注概率。

美国州立尼古拉斯大学的 Borne, J. C.④ 提出了在危机中采用技术的认知地图分析流程，分为数据采集（主体选择、采访）和数据分析（实施者的故事、决策者的故事、供应商的故事），不失为一套较好的质性研究方法。

---

① Tegarden, D. P., Tegarden, L. F., Sheetz, S. D.. Knowledge Management Technology for Revealing Cognitive Diversity within a Management Team [J]. Proceedings of HICSS, 2003: 116-116.

② David, P. T., Steven, D. S.. Group Cognitive Mapping: A Methodology and System for Capturing and Evaluating Managerial and Organizational Cognition [J]. Omega, 2003 (31): 113-125.

③ Sanjay Mishra, Benedict Kemmerer, Prakash P. Shenoy. Managing Venture Capital Investment Decisions: a Knowledge-based Approach [EB/OL]. [2010-2-1]. http://web.ku.edu/~pshenoy/Papers/BKERC01.pdf.

④ Borne, J. C.. Mitigating disaster: Mapping Cognitive Processes in Applying Technology to Crises [D]. Nicholls State University, May 2007.

Umit Ozen 和 Fusun Ulengin① 在《公司基于认知地图的分析策略思想》(*Analyzing Strategic Thoughts of Corporations Based on Cognitive Map*) 一文中提出了一种基于认知地图方法论的公司内部不同战略想法的分析框架和工具，分解为如下流程：（1）搜索会议；（2）成立工作组；（3）确认战略想法；（4）评价战略想法；（5）确认备选战略想法间的关系；（6）基于 Decision Explorer 的分析（确定目标—头节点分析、确定关键问题—领域分析和中心度分析、确认关键问题—聚类分析、决定有效选择—有效节点分析和共尾分析、决定选择—尾节点分析）；（7）决定论证链分析；（8）压缩认知地图。

Ackermann, F. 和 Eden, C.② 等人在《认知地图手册》(*Getting Started with Cognitive Mapping*) 中明确了绘制认知地图的 12 条指南，其中有 11 条关于认知地图绘制流程，列举如下：（1）分解句子成为不同的短语；（2）建立层次；（3）关注目标；（4）关注潜在的战略指向；（5）查找相反的权重；（6）赋予概念以动态意义；（7）确认问题的所有权；（8）确认每对概念间的关系；（9）确保通用的概念有隶属的具体概念；（10）初始想法的权重设定；（11）整理认知地图。继而，两人又在《基于认知映射的政策分析》(*Cognitive Mapping Expert Views for Policy Analysis in the Public Sector*) 一文中合作了基于认知地图的政策分析实证③，分为信息的收集、说明及编码，模型的扩展和确认以及将模型用作简化机制三个阶段，并阐述了用 Decision Explorer 进行政策分析的三个步骤，即：（1）开发知识库（利用远程专家展开编码讨论）；（2）保留和管理政策论证过程的复杂性（阐明复杂性和相互关联）；（3）呈

---

① Umit Ozen, Fusun Ulengin. Analyzing Strategic Thoughts of Corporations Based on Cognitive Map [EB/OL]. [2010-2-1]. http：//www.systemdynamics.org/conferences/2001/papers/Ozen_1.pdf.

② Ackermann, F., Eden, C., Cropper, S.. Getting Started with Cognitive Mapping, Tutorial paper, 7th Young OR Conference (1992). (Available from Banxia Software Ltd, http：//www.scotnet.o.uk/banxia/demain.html).

③ Eden, C., Ackermann, F.. Cognitive Mapping Expert Views for Policy Analysis in the Publicsector [J]. Operations Research, 2004, 44 (No.5).

现至决策小组。

伊斯坦布尔科技大学工业工程系归纳了制造型企业在价值流映射基础上应用贝叶斯认知地图技术以检测并优化废物利用的操作步骤①，如图4-3所示。

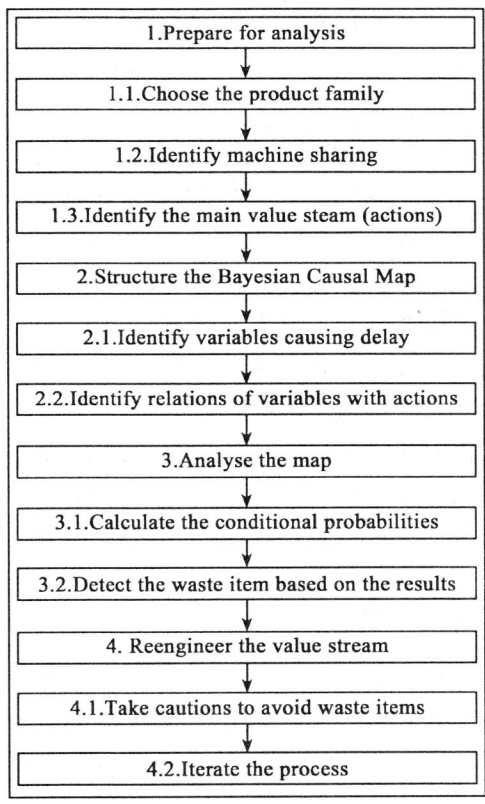

图4-3 制造型企业在价值流映射基础上应用贝叶斯认知地图技术的操作步骤

---

① Department of Industrial Engineering, Istanbul Technical University, Macka 34367-Istanbul Turkey. Waste Detection and Optimization by Applying Bayesian Casual Map Technique on Value Stream Maps [EB/OL]. [2010-2-1]. http://www.icpr19.cl/mswl/Papers/204.pdf.

Amir M. Sharif 和 Zahir Irani① 在《模糊认知地图在信息系统评价中的应用》(*Exploring Fuzzy Cognitive Mapping for IS Evaluation: A Research Note*) 一文中提出了 FCM 建构的带反馈的链式流程，实证研究分为两个部分，即案例组织和 FCM 情境的嵌入，后者包含如下步骤：(1) 提取——收集专家头脑中的数据；(2) 定义和产生——定义因果关系权重及其意义；(3) 重现——回顾专家的初始 FCM，据此建立影响矩阵 W；(4) 再生——与初始 FCM 对比，产生并且调整影响矩阵 W 和因果关系权重；(5) 仿真——经专家认可，选择一个合适的初始输入行。

综上所述，尽管不可能列举出所有的认知地图应用流程，但列出了重要学者及其具有重要意义的应用流程步骤，最后作者认为，构建认知地图的主要步骤如下：(1) 考虑问题的主题；(2) 分解要点为概念或者构念；(3) 产生已有概念的相关概念；(4) 连接两个相关的概念；(5) 评价因果关系的正负和强度；(6) 进一步细化相关概念；(7) 结构化认知地图。

在构建流程上，分为五个步骤：(1) 确定节点的来源；(2) 分解节点为概念或者构念；(3) 连接两个相关的概念；(4) 量化相关概念的关系；(5) 对概念及概念间关系的陈述。

4.2.1 确定节点的来源

Jay Cross 认为，通过非正式学习获得的隐性知识大约占个体知识结构的 80%。Capital Works 在调查了数百名工人后，总结了人们获取知识的主要途径，并且分析了每种途径对于知识获取的不同作用，如图 4-4 所示。

由图 4-4 可以看出，在个体的知识结构中占主要部分的是个体通过工作经验和人际交往等非正式方式获得的知识，并且这部分知

---

① Amir M. Sharif, Zahir Irani. Exploring Fuzzy Cognitive Mapping for IS Evaluation: A Research Note [J]. European Journal of Operational Research, 2006, 173 (3): 1175-1187.

4 隐性知识的表达——基于认知地图的途径维度

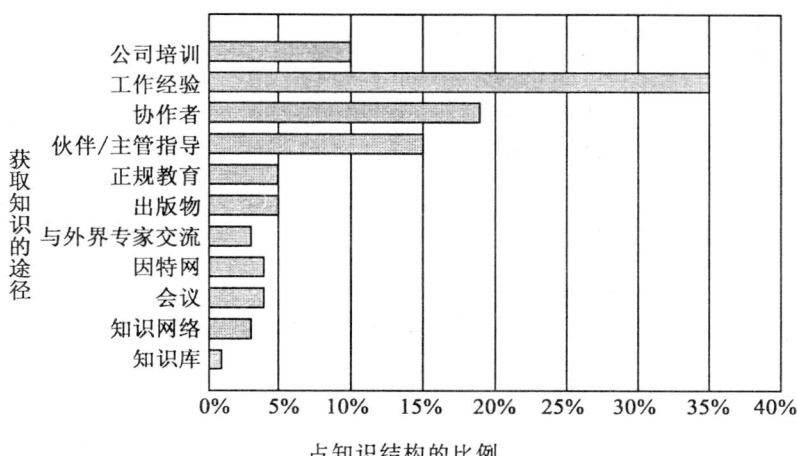

图 4-4 不同学习方式对于知识获取的不同作用①

识往往都是非常有价值的隐性知识，对于个体的工作有很大有很直接的帮助②。

事实上，非正式学习是众多学者公认的获得隐性知识的最好方法。Micheal Eraut③认为非正式学习分为内隐学习（implicit learning）、反映学习（reactive learning）和有意学习（deliberative learning），认为以及参与制定决策、解决问题和对过去行动、交流、事件和经验的更系统的反思和回顾以及有计划的非正式学习均属于有意学习的范畴，而认知型隐性知识由于其自身的特性，其来源应是有意学习。

非正式学习有多种方式，我们应该根据需要、依据情境进行非正式学习。作者认为认知型隐性知识的获得途径应该是内隐学习、

---

① Source：Capital Works，LLC.

② 马凤娟，吴鹏飞，张从善. 虚拟学习社区中个体隐性知识的建构[J]. 现代教育技术，2007，17（3）：22-24.

③ Micheal Eraut. Non-formal Learning and Tacit Knowledge in Professional Work [J]. British Journal of Educational Psychology, 2000, 70: 113-136.

隐喻、讲故事、深度会谈等方法，区别于技巧型隐性知识的顿悟和师徒制的获得方法。

以下这些过程能够支持隐性知识的产生和共享：正在进行中的项目；试验；定期检查反思；经常联络沟通；开发并保持与专家、客户、供货商以及政府部门等之间的非正式的联络或关系①等，对于隐性知识来源的确定可以采取对拥有隐性知识的人的有效管理来实现，区别于这种非结构化方法，我们可以用分类、细化、激发、显化等多种常规但结构化的方式，对隐性知识的识别最早是使用由 Richard K. Wagner 和 Robert J. Sternberg 等编制的管理人员隐性知识量表（Tacit Knowledge Inventory for Managers，TKIM）来测量的②。

4.2.2 分解节点成为概念

在认知地图的绘制过程中，收集的想法是非常关键的。Ackermann 等认为，谈话者所表达的想法是一个句子，这个句子不能超过 12 个词，而且最好用表示行动的动词以祈使句的形式来表达想法，以便于建立一个动态地图。野中郁次郎指出，创造概念阶段相当于知识转化模式中的外显化，是隐性知识和显性知识最密切作用的阶段。

Kelly 认为人在世界中生活，经验到世界上各种现象和各种事件，经过对现象的分析、综合、抽象、概括，发展成个人构念。一个构念就是一种思想、一种观点、一种看法，人们用它来解释个人自己的经验，对外界事物进行预测，并指导自己的行为。它构成了一般认知地图里的节点的内容，一般以动名词短语来表达。

概念是思维的基本形式之一，反映客观事物一般的、本质的特征。人们在认识的过程中把感觉到的事物的共同特点抽出来，就成

---

① 万希. 从自组织理论看智力资本的开发 [EB/OL]. [2010-2-1]. http://www.hroot.com/contents/36/22162.html.

② 闻曙明，施琴芬. 高校科研人员隐性知识的识别与管理评判标准 [J]. 研究与发展管理，2007，19（4）：124.

为概念①。概念是表达知识的最小元素。在以后的研究中，概念存在进一步定量化，故而作者将节点与概念等同起来。

认知地图中的想法有着不同的性质，为了建构一个问题，要区别以下四种不同的想法：最终目标（goals），即指向或希望达到的目标；关键成功因素（critical success factors，CSF）或战略问题（strategic issues），它由一些重要的想法组成，见证不同过程达到最终目标；行动（action）或是关键选择（key options），即可采取的最初行动；论证链（chains of argumentation），由标准想法（standard idea）组成串联出地图。在确立上述概念之后，需要建立起构念或概念的层次，使得认知地图成为 Goal-CSF-Action 的水滴状模型。

4.2.3 连接两个相关的概念

所谓"果"，是指问题的明显症状，如失业、订单减少、利润下降等；而"因"是指与症状最直接相关的系统互动，如果能识别出来这种互动，就可以产生持久的改善。如何识别何者为因，何者为果，我们通常采取撷取有明显的因果关系的叙述的方法，这需要研究者们讨论建立一个因果关系的语言表达方式集合。而对于因果关系的隐性表达，需要研究者们不断学习，加强与被访者的互动，达成对因果关系的共识。

认知地图的拓扑结构表现了三种因果联系：直接的、间接的和反馈的。当两个概念（$c_a \rightarrow c_z$）具有因果联系，则表明它们之间是直接联系（如图4-5）；当至少有一个概念，如 c_b，出现在如同 $c_a \rightarrow c_b \rightarrow \cdots \rightarrow c_z$ 的因果传递链中，则表明两者有间接联系，这种间接联系的产生是基于演绎推理三段论的假设（如图4-5）。至于反馈的联系，大多数认知地图模型均采用循环流形式，即至少两个不同概念指向自身，极少情况下出现自反馈，即：$c_a \rightarrow c_a$。

Bougon（1977）提出了因果栅格图（见表4-1）方法。Swan，

---

① 陈洪澜. 知识分类与知识资源认识论［M］. 北京：人民出版社，2008：69.

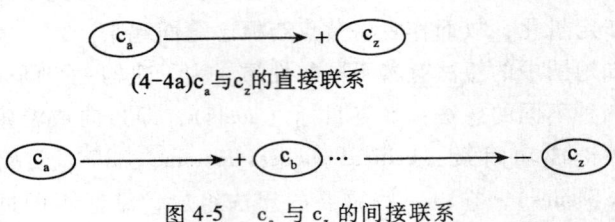

图 4-5　c_a 与 c_z 的间接联系

Sue（1994）在运用其研究影响技术创新的管理者信念时，提到了关于这一方法的两个优点，即它既可以检查影响战略决策的因果关系，又可以将个体因果地图结合起来，以形成表达信念的因果关系的团体表示①。

表 4-1　　　　　　　　　因果栅格图方法

因素 N					
……			0		
因素 3	A+				
因素 2		A	B-		
因素 1	B				
	因素 1	因素 2	因素 3	……	因素 N

其中，"0"表示横向变量与纵向变量没有因果关系；"A"表示横向变量会引起纵向变量的变化；"B"表示纵向变量会引起横向变量的变化；"+"表示两者存在同向的因果关系；"-"表示两者存在反向的因果关系。

4.2.4　量化相关概念的关系

量化相关概念的关系即如何对因果关系强度赋权，权重的给出

---

① 周晓东．基于企业高管认知的企业战略变革研究 [D]．浙江大学博士论文，2006：94．

4 隐性知识的表达——基于认知地图的途径维度

又一次反映了认知地图对于隐性知识的挖掘作用。权重经历了由定性描述向定量表示的转变过程，其中定量表示又有二值向三值，三值向三角模糊数值的转变。而权重的意义一直没有一个清晰的描述，作者认为，所谓因果关系强度，即指"因"在多大程度上影响了"果"，这种影响可能是先验的，即"果"的影响因素中某一个"因"的构成百分比，这种理解没有区别影响的直接性与间接性，而权重是直接的，也可能是后验的，即执"因"索"果"，预测"因"导致"果"的概率，默认存在"因"不导致"果"的可能，这种理解表明了权重的动态特征，可能使得专家意见存在普遍的不一致。

由于挖掘的是人的主观判断，故而赋权主要采用专家调查法，通过在模拟专家赋权过程上采用模糊数学和综合考虑各个专家权重时采用合并算法等途径提高赋权的科学性。由于权重的动态特征，在实际的认知地图分析阶段，我们可以适当采用学习算法来加强权重的合理性和稳定性。

同时，各种已有的问题分析方法如 AHP、决策树、鱼骨图、贝叶斯网络等可以转换成为认知地图，这方便地提供了权重的来源与方法。

4.2.5 对概念及概念间关系的陈述

经由上述的程序化的构建步骤和方法，得到的认知地图既可以表现为有向图形式，也可以用关联矩阵的形式——即对于 N 个节点，关联矩阵即为相邻节点的弧上的因果关系权值的集合 $\{w_{ij} | i=1, 2, \cdots, N; j=1, 2, \cdots, N\}$。

作者认为，正如因果映射过程必须辅以陈述协助一样，认知地图结果应当有一个规范的解读以方便重用与共享。我们应当考虑如何回答如下问题以作为对概念及概念间关系的陈述：（1）认知地图的目标和对象是什么？（2）认知地图的概念是否与目标一致？（3）概念能很容易地解释给目标听众吗？（4）概念是否符合可以度量的原则？（5）概念间的因果关系强度应该怎么理解？而这些问题的回答，意味着必须在具体情境下综合呈现认知地图的两种表现形式,并且很可能要采取列表扩展方法来增进对于认知地图构建过程的动态性认知,作为中间环节以促进分析理解,下文将会详述。

这样,理解者们在视觉思考的层次上,会第一时间反应出认知地图图示给出了对于问题的总体性的洞察,包括概念种类及属性等,列表扩展法给出了对于问题的阶段性研究过程与因果关系性质的解读,包括连接方向与层次等,最后由关联矩阵给出因果关系的内容即详尽到因果关系强度。

4.3 基于认知地图的隐性知识挖掘与建构方法

在隐性知识的表达阶段,作者着重研究隐喻、讲故事、深度会谈方法,因为这三种方法具有质性研究方法的特点,最大限度地赋予了主体隐性知识表达的情境,可以反映主体思想中思想节点的来源。彼得·德鲁克认为隐性知识显性化的整个过程可以用"隐喻"、"类比"、"模型"来概括。很多研究者提出了建构的方法,比如通过面试管理者来抽取认知地图,如 Eden 和 Bougon 等。认知地图是提取隐性知识的有效工具[1],认知地图优于普通的知识表示方法,例如产生式规则和框架表示方法等[2],这意味着认知地图对于隐性知识挖掘与建构必定有其独到之处。

认知地图具有强大的知识表示能力,建构认知图有多种方式,一般是通过问卷调查、半结构化采访、头脑风暴、样本学习等方法借助专家经验进行构建,属于结合定性推理方式的定量化综合构建方法,但也有学者提出基于客观数据资源的自动构建方法。例如,陈庄等人采用神经网络思想提出了基于数据资源自动构建认知地图

---

[1] Lenz, R. T., Engledow, J. L.. Environmental Analysis: the Applicability of Current Theory [J]. Strategic Management Journal, 1986, 17 (4): 329-346.

[2] Lee, S., Courtney, J. F.. Organizational Learning System [C]. Proceedings of the 22nd Annual Hawaii International Conference on System Science, 1989: 492-503.

4 隐性知识的表达——基于认知地图的途径维度

的方法①，该方法具体构建流程如图4-6所示。

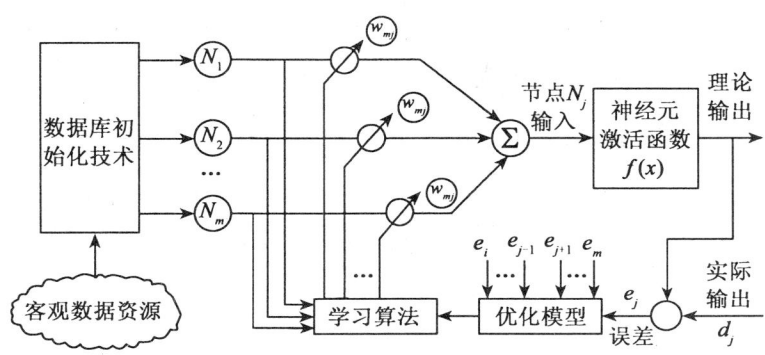

图4-6 认知地图自动构建流程

Axelord（1976）用不同的方法构建认知地图，通过面谈、问卷调查、文本化描述来收集专家意见，显而易见，认知地图是表达给定问题情境之下专家的主观意见的。Leonardo Lavanderos② 等人指出，认知映射可以由访谈直接得到，允许观察者进行构建和辩论。Tsadiras & Maragritis③ 将认知地图的建立方法区分为以下两种：（1）交互调查法（Q & A Method）：由被提出问题者自己或是在调查研究者的提示下提出概念、确定关系，再由研究者分析建构认知地图，也就是自己直接画出认知地图。或者，集合该领域专家组成讨论小组，就认知地图中的因素予以讨论，确认哪一些因素是值得纳入考虑的。接着，再决定因素间之关联与影响程度，即可获得认知地图。（2）文件编码法（Documentary Coding Method）：研

---

① 陈庄，阿里·蒙特瑟密. 基于数据资源的认知图挖掘方法 [J]. 计算机学报，2007，30（8）：1446-1454.

② Leonardo Lavanderos, Eduardo Fiod, Alejandro Malpartida. From Cognitive Mapping to Decision Model: Cognitive Strategies [2010-2-1]. http: // www. sintesys. cl/publicaciones/COGNITIVE. pdf.

③ Tsadiras. A., Margaritis. K., Cognitive Mapping Andcertainty Neuron Fuzzy Cognitive Maps [J]. Information Sciences, 1997, 101（1）：109-130.

究者自己搜集关于此特定问题领域的相关文献，进行整理、归纳、比较，选取与系统关联架构有关的因素，并以因果脉络图建立认知图及关系。这种是指利用文本分析工具通过调查者分析画出认知地图，是一种能通过文本分析提取团队心理模型的技术。

4.3.1 交互性半结构化访谈——因果映射会议

借由认知地图能呈现参与者对于议题的观点，并以详细的交互影响来表达参与者对议题的推论，目前有许多的管理研究都采用认知地图作为研究工具。

通常的知识地图主要是对组织内知识的一种静态梳理，而认知地图则对于主体中更为深层以及更具战略性的一些认知模式、理念更替、演变的动态过程作了描述。它也是一幅图画，特别展示了有目的行为背后的逻辑①，注重隐含在组织中的惯例以及战略变化的因果关系。

也正因为如此，深度会谈成了绘制认知地图最重要的方法，它类似于名义群体（决策）技术（nominal group technique）和一对一的访谈（one-on-one interviews），称为群射和单射。在本书中，将这种基于认知地图的隐性知识挖掘与建构称之为因果映射会议。因果映射会议将会借助 Decision Explorer 工具，及时地将个体的隐性知识与组织的隐性惯例予以间接表达，并尽可能与 Bougon (1983) 中的自我提问（self-Q）技术以及鼓励参与者讲事迹和使用隐喻的访问相结合。

绘制认知地图最重要的环节就是半结构化访谈部分。访谈一般包括两个阶段，第一阶段是结合具体领域问题听受访者讲故事，以便把握整个问题情境并发现一些逻辑线索；由于认知地图重在让人理解思维体系中的逻辑关系，只有和受访者即问题当事人有较长时间的深入沟通和随意闲聊，才有可能把握住当事人所拥有的知识及

---

① Fiol, C. M., Huff, A. S.. Maps for Manager: Where are We? Where Do We Go from Here? [J]. Journal of Management Studies, 1992, 29 (3): 267-285.

思考的真正内在的思考逻辑。第二阶段是从故事中提取一些关键过程和核心概念，再作剥洋葱式的深度会谈和挖掘，逐层细化以至到行为实践层次。由于一般的知识表述往往是静态的、横截面式的描述，往往会丢掉一些动态变化的、演进的、隐含的特征，而认知地图是基于深度访谈的，并用节点和代表关系的连线把主体的知识演进过程描绘出来，可以使得主体的知识得到更为形象也更有意义的表征，同时也有利于将一些分散的知识得到有意义的汇聚。经过第二阶段的深度会谈之后，就可以根据所掌握的事件、概念以及它们之间的关系来绘制逻辑关系演绎图示，也就是所谓的认知地图①。

认知地图的应用流程是：第一，根据确定主题定义开放性问题（如，根据现状分析钢铁行业未来五年可能的生长点在哪里?）；第二，抛出问题以引起人们隐性知识的"冲突"，绘制认知地图原型片段；第三，分组协作共享认知地图的片段，通过头脑风暴等讨论形式筛选和连接节点；第四，达成共识，形成结构清晰且完整的认知地图；第五，整个过程中应强调包含不断地修改和反复。

在构建映射时，有好几种替代方法。例如，Walsh（1998）使用预先确定的清单，Axelord（1976）则从文字中衍生出概念，还有 Markoczy 和 Goldberg（1995）从采访中提炼出概念。因为隐性惯例是只适用于特定环境的，并且是做事的非指示性方式，采取预先确定清单和结构化访问的方法很可能是不合适的。有必要制造一种环境，在其中映射可以"通过最小的影响，尽可能完全地显现"（Bougon，1983），也就是说，有必要"避免给人们任何可能成为最终认知映射的事物的暗示"（Cossette and Audet，1992）。这意味着理想情况下，映射应该在没有预定概念的情况下生成，并且它们应该是通过映射过程本身建立。

然而，从草图开始因果映射过程会消耗很多时间，而且初步的采访提出了一种引出结构的方法，这将成为开始映射的基础。研究方法文献揭示了两种可能在这个方面适用的方法：自我提问式采访

---

① 倪旭东，张钢. 作为思想挖掘工具的认知地图及其应用[J]. 科研管理，2008，29（4）：20-21.

（这种方法的优点在于可以将研究者的影响降到最低程度），以及使用讲事例的半结构化采访。

采访将会是一对一地进行，这有助于与被采访者之间建立起和谐的关系。因为与被采访者之间和谐的关系能为更多信息量的研究打开方便之门。映射可以以采访中确定的成功原因为起点，此时的目标是确定这些成功的原因。可以向参与者适当提出下列问题："这是怎样发生的？""是什么导致的？""谁参与了？""什么影响了它？"这些问题应当使参与者在回答时能够找出更为准确的成功因素。可以把这个过程比作是剥洋葱：通过一层一层地剥开成功的原因，参与者最终会得出导致他们成功的不那么明显的原因——那些没有提示和探索很不容易辨识的原因。

当参与者必须反省他们平时从不考虑的问题时——原因因素的流动可能已经慢下来了，此时应该鼓励参与者思考这些刚刚引出的因素是怎样产生的，讲述关于这些因素的事例，或者使用隐喻解释这些因素是怎样起作用的。这可以帮助他们详细描述那些难以表达的活动。如果要求参与者举出更多的例子而且多说一些，但是参与者已经不能再揭示更多的因素，这时映射过程就应该结束了。

因果映射方法（图 4-7）是一种展现隐性惯例的非直接途径，映射可能是破碎的、不全面的、片面的和有偏见的，但是它能够提供一些关于隐性惯例和组织成功的见解。因果映射中得到的经验和教训如下①：

（1）参与者之间的信任和信心是映射过程的基础。

（2）在映射会议的讨论过程中，隐喻很难出现，即使出现了也很难进行分析。人们需要先进行记录再回过头来找到他们寻求解释。

（3）在映射会议过程中用以下方式识别个人自我表达是很重要的，这些方式包括"噢，是，对了"，"啊，我之前没有意识

---

① ［英］维洛尼克·安布罗西尼著，詹正茂，陈婷婷，曹舒弢等译. 隐性资源：企业赢得持续竞争优势的源泉［M］. 北京：经济管理出版社，2006：71-72.

到",这些表明一些隐性的东西开始变得显性了。这也是会议运行良好、参与者得到深入了解并开始意识到以前的隐性惯例的标志。

(4) 在因果映射会议中,为了不打断思想流,需要保持在非正式的状态,人们需要被引导,因为要让参与者处理他们现在正在做的事,即使是那些看起来微小、不相关的事,而不是处理那些他们认为应该做的事,对于组织成员而言,这是一个可以理解的顾虑。要求参与者使用动词是一种确认他们正在讨论自己参与的惯例、活动的方法。这会迫使参与者将注意力集中在"正在做"上面。

(5) 如果探究的是成功因素,确保参与者将注意力集中在目前的成功上,这一点很重要。描述实际的活动,以及深入研究没有做的事情和需要做些什么来弥补。

(6) 有必要强调的是,要求参与者考虑特例和讲事迹可以激发很多概念。要求参与者讲事迹可以迫使他们揭示什么是确实发生的事情,并且提供细节。同时激发其他思想和事迹,从而保持"雪球滚动"。

鉴于以上过程,推动因果映射过程的一个提议是,会议应该以引导人员解释即将发生的事为开端,很有必要确保参与者弄清隐性惯例的概念、这项活动的目标、编码和映射的过程。

对因果映射的深入研究表明,因果映射的收益在于:(1) 促发了理解——推动了对组织内部发生的事的深入了解;(2) 把价值置于细节之中,并且迫使参与者处理细节;(3) 突出了了解成功原因的困难性;(4) 揭示"关键因素"对成功的主要贡献;(5) 帮助管理人员加深对企业独特之处的理解;(6) 揭示了组织内部的潜在力量;(7) 使相互作用关系清晰化。因为映射是可视的,复杂的关系可以清晰地展现;(8) 强调了一个组织的成功不是归因于某个部门、某一职能或个人。所有的因素都是相互咬合的,并且导致成功的途径不能单凭某个独立的因素而理解;(9) 显示了人的重要性,是人建立了成功的基础,而不是机器等;(10) 集中进行积极因素的探讨,在组织中并不是经常如此;(11) 确定了组织中的某些重要过程,这些过程未经管理、未经计划、未

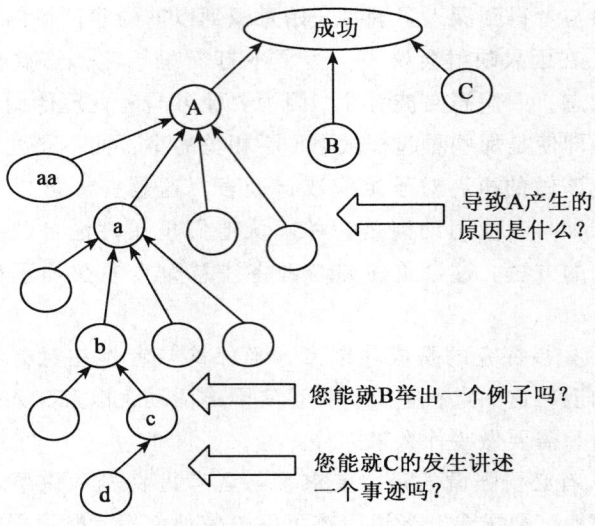

图 4-7　因果映射过程图解

被认为是重要的,并且有时在组织中并没有获得充分认识;(12)显示了组织应该一直保持做的事;(13)提供了讨论策略和贸易过程的新途径。

而因果映射的困难在于:(1)映射非常复杂——有大量的相互关系,所以很难聚焦及决定哪种联系是重要的;(2)有陷入细节的危险;(3)有可能变得"只见树木不见森林",映射何时结束?(4)在某种程度上是简约主义,只与参与过程的人有关,因此可能会有失偏颇或者太过主观,所以也许需要更多的人参与到过程之中;(5)谁控制着映射过程?他是否有支配性人格?映射代表的是一个团队还是个人的观点?在这个意义上,团队的构成是重要的,因为人们根据团队中成员的不同而有不同的行为;(6)参与者可能对映射应该如何发展有先入为主的想法;(7)如果要使会议有价值,那么参与者必须诚实;(8)很难打破僵局——对个人来讲很不舒服,因为它使人们意识到他们不知道的一些事情,还要承认这些他们控制不了;(9)这一过程是很耗时的,很难使管理者深入组织内部发生的事的细节之中；（10）过程怎样向前发展？参与者将如何处理映射？他们如何向组织汇报？

4.3.2 基于扎根理论的文本编码方法

1976年，政治科学家Bob Axelrod编写了《决策结构》（Structure of Decision），这本书使用了因果脉络图即认知地图来分析文本。因果脉络图（casual mapping）是个体策略决策的认知表达方法中最受欢迎的技巧之一。过去20年来，因为其能够处理组织产生大量的资料，而成为热门的方法论工具之一，并且也被用来探讨认知观点上广泛的组织现象（Shafer，Smith & Linder，2005）。

建立在扎根理论（Grounded Theory）基础之上，因果脉络图的建构大多通过已有文件来源编码（Coding documentary source）与文件来源资料为基础的内容分析（Content analysis，Magretta & Stone，2002；Morrisetal，2005）进行。扎根理论最早由两位社会学者Galsser & Strauss在1976年发明，是一种社会科学调查技术，它试图在感兴趣的领域中避免理论预设，而直接从实际观察入手，从原始资料中归纳出经验概括，然后上升到理论。所谓扎根理论，是指经由系统化的资料搜集与分析，而发掘、发展，并已暂时地验证过的理论。Strauss & Corbin指出，扎根理论强调理论的发展，而且该理论植根于所搜集的现实资料，以及资料与分析的持续互动①。

其数据是通过对主体采用半结构式访谈并仔细记载而收集得到，然后通过严谨的分析以鉴别重复的想法或主题，从中派生出概念条目，类似于认知地图中的构念。之后，确定核心条目之间的关系。Strauss & Corbin（1998）指出"这种理论包含概念和概念集合之间的合理的关系"。在扎根理论指导下，认知地图用图形方式将主体的逻辑和思想脉络表现出来，提供了一个关于主体全盘观点的图画，同时并不丧失细节，可以使研究者采取归纳式分析来提取和

---

① Strauss, A., Corbin, J.. "Grounded theory methodology-an overview", in Norman, K. D. and S. LYvonnaeds. *Handbook of Qualitative Research* [M]. Sage Publications, 1994: 89.

阐明所涌现出来的问题。

扎根理论的操作程序一般包括：（1）从资料中产生概念，对资料进行逐级登录；（2）不断地对资料和概念进行比较，系统地询问与概念有关的生成性理论问题；（3）发展理论性概念，建立概念和概念之间的联系；（4）理论性抽样，系统地对资料进行编码；（5）建构理论，力求获得理论概念的密度、变异度和高度的整合性。对资料进行逐级编码是扎根理论中最重要的一环，其中包括三个级别的编码。

有许多研究者采用上述文本编码方式进行研究（Bougon, et al., 1977; Brown, 1992），并运用因果脉络图作为研究工具——在认知图上加上因果关系的考量。例如，Cossette① 使用因果脉络图分析泰勒的思想，从泰勒的两本著作中找出有因果脉络的叙述，利用匹配因果句式、动词、带有连接关系的表示句子来建立泰勒思想中具影响力关联（influential links）的两种概念，并且据此绘制出表示泰勒认知架构的因果脉络图。

4.3.3 认知地图与其他方法之间的关系

对于一个新的研究工具，拥有一个合理的问题和广为接受的方法并不足够。在这个部分中，本书将简要介绍认知地图以及其他三种方法的关系，分别是软系统方法（Soft Systems Method, Ssm）、扎根理论（Grounded Theory）和系统动力学（Systems Dynamics, SD）。

软系统方法在 20 世纪 70 年代中期由英国 Lancaster 大学 P. Checkland 教授所开创，它要求分析人员检查有关感兴趣的领域的所有方面，其中重要步骤是确定相关系统目的的根定义，"概念模型"则由每个根定义设计出来，完成根定义中定义的转换功能。概念模型由有内在联系的动词所构成，要用尽可能少的动词覆盖有关系统基本定义中所需的活动，然后用逻辑关系组织它们。软系统

---

① Cossette, P.. Analysing the Thinking of FW Taylor Using Cognitive Mapping [J]. Management Decision, 2002, 40 (2): 168-182.

方法论受到"经典"系统思考的巨大影响,所以这个概念模型很可能具有评估、监测和控制组件。这个概念模型被用于比较"真实世界"的过程,以确定所有的差异与矛盾,比较后就会表明缺陷,进而补救行动就会计划实施。

在我们看来,比起认知地图,软系统方法对于过程(processes)具有较强的关注。在认知地图中,两个因素之间的关系蕴含着一个或多个过程,但这个过程并没有得到明确的认定。这可以看作是认知地图方法的一个缺陷。另一方面,软系统方法从不考虑会影响一个过程的成功或失败的因素。一个过程可能是正确的,但不可能成功,因为会存在一些控制之外的因素,比如缺乏资源。认知地图有一个突出的特征——虽然不会时时表现——就是认知地图的集体绘制,这一点没有在软系统方法里得到明确体现。

扎根理论方法看来似乎与认知地图的精义极其相近,几乎因果地图就可以被看作是扎根理论的一种形式。但是,关键的区别在于使用的表示法,认知地图方法倾向于与某领域的研究者们一起来分享构念及它们之间的关系的确认过程,而不是把这作为一门研究者的独立的、私人的活动。在哲学思想上,扎根理论方法基于后实证主义的范式,强调对目前已经建构的理论进行证伪。

有时,认知地图被绘制出来作为一个基础,从中开发出可量化的描述系统行为的数学模型,而这正是商业可执行的动态模拟的先导。系统动力学与认知地图几乎在同一时代出现,在20世纪60年代末和70年代初才开始有一些突破性的应用。尝试使用认知地图这种建模方式的动机是,作为一种定性模型,它能够识别同时对某一变量有正面和负面的影响的情况。然而,所反映出的实际结果是不确定的,除非这个影响的相对强度得到评估。而系统动力学方法试图通过对每一个因果链建模使得认知地图模型变得易于操作,这些模型可能基于统计分析、历史数据、专家经验和直觉。一个大型模型的建立是一个严谨的事情,因为这种转化也改变了认知地图作为心智的重表达的性质,将其作为能够模拟物理世界的途径,尽管它可能仍然会基于直觉。这又反映到解释主义与实证主义之争,而最重要的问题是,在研究者看来,模型应该被要求持续地保持其精确程度。例如，圣吉（1999）介绍了系统动力学模型 Microworlds 的使用，在用于组织学习的情况下，验证了模型的正确性是不容置疑的。

一个调和的策略是，要求认知地图的绘制成员对任意两个构念之间的关系进行感知性的加权——这种对一定情形下的参与者感知的量化表明模拟的是人们的观念。这种方法被模糊认知地图进一步发展起来。

4.3.4 综合方法的提出

可以看出，认知地图已有的两种主要建构方法分别对应着知识管理的两种策略，前者强调人人互动的隐性策略，是一种实证主义的研究方法，后者强调人与文档互动的显性策略，是基于社会建构理论的研究方法。而作者认为两者在认知地图的构建流程上存在先后时序上的补充关系，在实际的企业隐性知识管理中，交互性半结构化访谈即因果映射会议应该为基于扎根理论的文本编码方法提供了可以编码的文件素材。

在以问题解决为导向的决策过程中，上述基于认知地图的隐性知识挖掘与建构方法未免过于狭隘，因为它只完成了问题的定义与表征，而缺乏问题的分析与解决部分，在此，图论方法为我们提供了分析认知地图的思路，系统动力学方法为我们提供了对于认知地图的仿真模拟手段（作者在第六章将详述）。故而作者拟提出认知地图的综合建构方法，即首先开展因果映射会议获取隐性知识编码材料，后展开对上述材料的扎根理论方法编码，在经历基于认知地图的隐性知识挖掘与建构的五步流程之后，展开面向决策结果的对于认知地图的一系列分析。

利用认知地图进行决策分析基于其在决策过程中所扮演的角色的三个核心假设[①]：（1）因果关系是一个能够很好地描述并理解

[①] Sanjay Mishra, Benedict Kemmerer, Prakash, P. S.. Managing Venture Capital Investment Decisions：A Knowledge-based Approach [EB/OL]. [2010-2-1]. http：//web.ku.edu/~pshenoy/Papers/BKERC01.pdf.

决策问题的重要方式；(2) 显示因果图（revealed causal maps）在很大程度上代表实际决策者的心智模型；(3) 这种简化的、基于因果关系的重表达形式，决定了决策和管理行为。

为了保证表达结果的质量，检查综合方法的有效性和可靠性至关重要。而且，它们必须能够经受外界的仔细审查，从而使人相信。在实证主义者的研究中，概念的来源、确定有效性的方法是提问"我们衡量了被认为是正在衡量的事物吗？"或者"这种手段衡量了我们预想衡量的事物吗？"然而对于定性的和社会构成主义而言，这种问题可能不太合适，因为"度量"意味着数字和一个客观的现实。在因果映射的环境中，这个问题可以被看作是有效性的实证主义观点——其前提基于如下假设：事实可以以某种方式描述。

5 隐性知识的共享
——基于认知地图的范畴维度

"重视隐性知识可以使企业从完全不同的角度审视组织——不是作为一部处理信息的机器而是一个活生生的有机体,"野中郁次郎说,"在这个背景下,共享对企业代表什么,它要向何处走及怎样使所希望的世界成为现实的世界,变得远比对客观信息的处理更加至关重要。"

不同的文献对知识共享(Knowledge Sharing,KS)也有不同的表达,如知识交流(knowledge communication)、知识流动(knowledge flow)、知识交换(knowledge exchange)、知识交易(knowledge transaction)、知识转移(knowledge transaction)。虽然 KS 是一个多层次的概念,不过研究者对其界定时多数是针对个体层次。例如,Dixon(2000)认为 KS 就是使他人知晓(knowing),将自己的知识贡献给他人,从而与对方共同拥有该知识。Senge(1997)将 KS 定义为协助他方发展有效行动的能力。这些界定都根据事物的后果来说明事物,是一种功能主义的定义方式①。

Hendriks 指出知识共享是一种沟通的过程,Jim Botkin 认为知识共享是网络管理模式的核心所在,共享知识简而言之就是沟通。Eriksson & Dickson 在研究知识共享时,认为组织应该创造一种知识共享的环境。美国密歇根州立大学教授 Kathryn 认为知识共享是组织中的个人与其他人分享与组织相关的信息、想法、建议、经验的过程。南希·M.狄克逊把知识共享解释为共同拥有在企业内部

---

① 张先国.知识共享的经验研究:一个过程视角的评述[J].科技管理研究,2007,27(7):149.

的共有知识。这些界定都强调了知识共享作为一个特定情境下的管理沟通过程,符合企业隐性知识共享的特征。

知识共享不仅仅是知识共享过程本身,还包括在共享过程中的互动、反馈以及对知识的理解,基于理解的知识共享需要一系列的互动与反馈①。作者认为,针对隐性知识,共享是指知识所有者与他人分享自己的知识,是知识从个体拥有向群体拥有的转变过程。

Charnell Havens 和 Ellen Knapp 提出,知识共享涉及三个领域,称为"3C"——内容(content)、社团(community)、计算(computing);而 V. P. Kochikar 博士也认为,知识共享涉及三个方面——内容建构、技术建构和人际建构。认知地图正是符合了上述三个方面的需求,才能成为一种新兴的知识共享特别是隐性知识共享工具——它能帮助我们更好地理解一个议题,又因为它识别的是因果关系,它又能帮助我们管理系统和研究行动的结果。显然,在小组工作时,上述认识就能辅助建立一种公共的语言,在谈判等场合共享其意义以期达成观点上的一致。本章将从认知地图进行隐性知识共享的基础、实现和作用及意义等方面入手,谈谈个人认知地图与组织认知地图的隐性知识共享视角。

个人的认知地图代表了一个人定义一个问题或者问题解决的方法,群体的认知地图则代表了在共享的心智模型下定义一个问题或者问题解决的方法。作者所定义的隐性知识共享就是由个人认知地图向组织认知地图的转变过程。下面从隐性知识共享的前提、机制及实现方式等方面来阐述基于认知地图的隐性知识共享。

5.1 认知地图进行隐性知识共享的理解

5.1.1 隐性知识表达与共享的关系

针对企业隐性知识共享,时下有三种不同观点。第一种观点认

---

① Hendricks P.. Why share knowledge? The Influence of ICT on Motivation for Knowledge Sharing [J]. Knowledge and Process Management, 1999 (6): 91-100.

为，隐性知识能够明晰化以显性表达出来，从而可以共享，著名知识管理学家野中郁次郎持此观点①。第二种观点认为，隐性知识大多通过个人经历获得，因而高度个人化、意会程度高，隐性知识共享似乎是不可能的②。第三种观点认为，隐性知识包含对事件整体的细节感知力，如果将隐性知识明晰化，注意力势必集中于某些细节，这将对整体的把握有所影响，会减少个人知识的意会程度，甚至对隐性知识起破坏作用。所以，没有必要清晰地表达隐性知识③。

从知识传递上讲，个人所掌握的隐性知识是群体知识创造的基础，个体需要分享彼此的情绪、感情和心智模式。在一般的隐性知识传递中，知识是没有符号系统、不能逻辑表达的，接受者只能通过感受、领悟、体验等途径，把这些说不出的知识学过来，这些隐性知识很难被组织更有效地综合利用。因此，知识传递还需要进入客观表达阶段。这反映出企业内部隐性知识共享的障碍包括隐性知识在表达、收集和交流方面的困难。使用认知地图引发隐性知识可能遇到的问题是由于建构者对认知地图理解程度的不同或者是没有达成共享的心智模型，导致对节点关系或概念界定的偏差，进而为随后的交流和沟通带来不畅④。

从知识建构上讲，知识共享要帮助不同的人理解和接受共同的知识，必须建立异质知识系统之间不同知识表达的联系。Neches等人认为，实现知识共享系统要解决四大问题：（1）相容的知识表达；（2）不同知识表达集之间的对话；（3）关于知识交互的约

---

① Nonaka, I., Takeuchi, H.. The Knowledge Creating Company [M]. New York: Oxford University Press, 1995: 21-56.

② Augier, M., Vendelo, M. T.. Networks, Cognition and Management of Tacit Knowledge [J]. Journal of Knowledge Management, 1999 (4): 252-313.

③ Tua Haldin Herrgard. Difficulties in Diffusion of Tacit Knowledge in Organizations [J]. Journal of Intellectual Capital, 2000 (4): 357-365.

④ 杨亚莉，姚远峰. 企业培训中引发隐性知识的方法 [J]. 中国人力资源开发，2007，（12）.

5 隐性知识的共享——基于认知地图的范畴维度

定；(4) 在知识层次上的模式匹配①。

从知识创造上讲，知识创造分为认识论和存在论两个维度，前者说明知识有形式知识与暗默知识之间的转化，后者则说明知识在个人、团体、组织、组织间的流动状态。而作者认为，将因果关系移植到隐性知识表达当中，改为心智模型，成为隐性知识共享的前提，这一途径正好统一了知识创造的认识论与存在论。事实上，从个体的角度出发，实现隐性知识的显性化实在是没有必要的。相反，我们组织中的其他人会从中获益，或对整个团队有好处②。

以认知地图为视角，隐性知识的共享即组织认知地图的表达，组织认知地图（又称联合认知地图，collective/compositied/group/aggregated cognitive map）与个人认知地图（personal cognitive map）相对，表达的是组织的隐性知识。作者认为，由个人认知地图向组织认知地图的转变，即标志着隐性知识共享的完成。然而，将个人的认知地图汇集到组织认知地图中去表达共享的观点，仍然是个问题③。

5.1.2 个人与组织的概念限定——认知共同体的引入

我们可以看到，个人知识的形成主要源于以往的经验、演绎推理、社会互动等，而组织知识的形成则主要源于经验的传承、交流与分享，外部知识转化和流程执行过程中的创造。知识共享是指知识所有者与他人共享自己的知识，是知识从个体拥有向群体拥有的转变过程。知识共享的内核便是个人知识向组织知识转化。

从隐性知识的存在状态看，知识离不开认识主体。哈耶克指出，"知识必须被看成与个人和人文因素相关"，这种知识构成了

---

① Neches, R.. Enabling Technology for Knowledge Sharing [EB/OL]. [2010-2-1]. http://tomgruber.org/writing/AIMag12-03-004.pdf.

② [新西兰] 斯图尔特·巴恩斯（Stuart Barnes）编，阎达五，徐鹿等译. 知识管理系统：理论与实务 [M]. 北京：机械工业出版社，2004: 28.

③ David, P.T., Steven, D.S.. Group Cognitive Mapping: A Metho-dology and System for Capturing and Evaluating Managerial and Organizational Cognition [J]. Omega, 2003, 31 (2).

个人的独一无二的优势，从这个角度看，实际上每个人都比其他人具有某些优势，因为他具有独特的信息。波兰尼认为"知识的根源或者说知识的产生过程常常是个人的，所有的公共知识首先是由个人发现的。知识的认识范畴决定了其与认识主体的不可分割性"。野中郁次郎等也认为，"一般来说组织是不会创造知识的，知识创造总是从个人开始"。

在野中郁次郎教授的概念中，仿佛知识创造行为的结果就应该是组织的显性知识以及个体的隐性知识。但是组织作为一个整体而言，同样可以拥有自身的隐性知识①。然而，《隐性资源：企业赢得持续竞争优势的源泉》一书将个人知识定义为隐性技巧，将组织知识定义为隐性惯例②。组织惯例通过形成惯例参与者之间的联系，来促进组织实现稳定性和变革性的平衡。这一连接机制使有关人员形成了对"要做什么"和"为什么要按惯例来做"的共同认识。从而提高了组织的协调力和适应力。惯例就是在行为者与组织情境互动的过程中得以产生、变异和进一步发展的③。

波兰尼提出了以下观点："许多知识的传递是潜移默化的，例如对文化传统的认同、与想法类似的共同体的联系，我们对事物本质的看法就是在这样的触动之下形成的，随之我们才能对事物有所把握。无论知识如何新颖和重要，都不能够跳出这个框架。"

野中郁次郎认为，知识比信息代表着更多的东西，知识与信息的关键性区别就是知识需要一个"认知主体"。要顺利实现分享隐性知识的目的，就需要有一个良好的场所，这个场所正是需要组织给予提供或创造的，他称其为自组织团队。自组织团队可以超越组织职能边界与外部环境相互作用，实现隐性知识的共有和蓄积。在

---

① 知识经济时代的先锋：知识创造型企业——读《知识创造型企业》有感 [EB/OL]. [2010-2-1]. http://web.cenet.org.cn/upfile/10255.doc.

② [英] 维洛尼克·安布罗西尼著，詹正茂、陈婷婷、曹舒弢等译. 隐性资源：企业赢得持续竞争优势的源泉 [M]. 北京：经济管理出版社，2006：33.

③ 许萍，陈锐. 演化视角下的组织学习与惯例变异——企业动态能力的提升机制研究 [J]. 科技进步与对策，2009，26 (12)：85-89.

5 隐性知识的共享——基于认知地图的范畴维度

概念创造中,自组织团队的自治有助于思考的自由发散,组织的意图保证成员的思考能够收敛,必要多样性法则有助于团队成员从不同角度考虑问题,波动和创造性混沌有助于改变团队成员的根本思考,信息的冗余使共有的心智模式可以变成新的概念①。

为了揭示隐性知识共享的过程,作者引入维特根斯坦②的语言游戏模型和共同体的概念,提出在隐性知识共享中的组织概念应限定为"认知共同体"。维特根斯坦的语言游戏模型给我们展示了语言信息是如何在说话者和听话者之间获得理解的过程——即在同一语境中,或相关于同一语境,或者通过特定意会共同体(community of knowing)的活动,我们才能理解我们的语言和知识。

认知共同体有很多相似的类型及名称,如知识共同体、学习共同体、实践社区、战略共同体等,以及创新共同体、能力网络等,其本质是基于共同的愿景、信念和兴趣爱好等形成的个人之间的非正式创新网络,通过紧密的互动实现知识共享和知识创造。作者认为此次研究中认知共同体的提出可以算作是对彼得·德鲁克提出的"知识员工"的进一步延伸。

同属于社会学的基本概念,共同体与组织存在着相当大的重叠,但它们是两种不同的社会结构。不同于组织是基于规则的、由理性主导而形成的,是一种目的联合体,共同体则是基于规范的,因共享的价值和观念而凝聚而成,是一种自然而然的社会联结方式③。

作者认为在现代企业中,认知共同体担当着核心角色,它为共同体成员提供了一个共享的环境。使他们能够相互交流,不断对话,促进反思。认知共同体成员通过对话和讨论激发新的观点,将

---

① 《管理学家》封面文章. 知识管理理论的先驱:野中郁次郎 [EB/OL]. [2010-2-1]. http://www.kmcenter.org/html/s16/200811/20-5664_5.html.

② 殷杰. 维特根斯坦"语言游戏"语用学的构造 [J]. 江西社会科学,2005,(2):44-48.

③ 徐睿. 高校教师网络学习共同体的知识建构 [D]. 江西师范大学硕士学位论文,2007:18.

各自的信息储存在一起,并从不同的角度进行审视,最后将不同的见解结合在一起,形成新的集体智慧。按照语言游戏模型的阐释,交流过程是奠基于由交流项目共享的专门语言并且支持适用于同一共同体的意义的发展,换句话讲,交流过程必须建立在共同体内,否则同其他共同体的差距可能会扩大。共同体不仅是一个组织,更是一种环境,还是一种学习方式,基于共同体,我们能进行深度会谈、接纳冲突、虚拟演练等活动。

认知共同体之间的交叉和重置是管理知识创新型企业的重要步骤——交叉和重置之所以重要,是因为它激发频繁的对话和沟通,有助于在员工中形成一个"认知共同基础",即构筑共同的认知平台,促进个人隐性知识的传播。认知共同体中每位成员对知识客观性的独立思考和判断,与共同体中成员之间的对话、协商与合作,在知识的社会建构过程中都具有非常重要的作用。协作知识建构(Collaborative Knowledge Building,CKC)所揭示的就是在一个知识共同体中如何表达个人观点并与其他成员进行社会交互的过程,这里知识的形成是共同体成员相互建构的结果,它不能独立于所处的社会文化情境而存在。

5.1.3 个人心智模型与共享心智模型——共享机制的阐明

隐性知识共享以人们的互动为特征,是思想和灵感的转移。隐性知识在组织中通常表现为个人或专家的能力,而这种能力和个人倾向则形成了心智模型,因此心智模型和隐性知识同样重要。不同的人可能具有不同的心智模型,群体也可能表现出公共的心智模型。共享的心智模式是以语言的形式表现出来的,最终结晶为形式概念。一旦在互动场所里形成某一共享心智模式,认知共同体便会通过持续对话,以集体反思的形式将其表述出来。

在一些有效运作的团队中,我们常常可以观察到一种心照不宣的默契。团队能够在动态的、复杂的、模糊的情境中有效运作,一个很重要的原因就是团队成员对于如何应对这样的情境有一种共同的理解与认知。这样的共同认知有利于团队成员解释团队中发生的事件、对需求做出预测、解决冲突、减少过程中的损耗以及提高团

5 隐性知识的共享——基于认知地图的范畴维度

队工作的效率①。

龙飞、戴昌钧②认为共享心智模型作为组织知识管理基础的原理，它为组织知识的生成与转化提供可操作性。公共的心智模型一般只能用于定性的描述，很难用它来做定量的研究，以心智模型以及"有限理性"为基础的理论建模也只是对现实的一种近似模拟③。

共享心智模型的概念最早是由 Cannon-Bowers 和 Salas 提出的，他们是从团队认知活动的层次上提出来的，也称为团队心智模型；后来彼特·圣吉在《第五项修炼》中又提出了组织共享心智模型，故也称为组织心智模型；20世纪90年代后新制度经济学家诺思在《共享心智模型》一文中又提出了社会群体共享心智模型，也称为群体心智模型。不论这些心智模型是从哪个层次或哪个角度提出的，它们的基本含义是相同的，即指一个社会群体、组织或团队成员共享的关于共同认知对象的意义与知识的有组织的理解和心理表征，共享心智模式具有"使团队成员在工作过程中对问题的界定，对情境采取的反应以及对未来的预期表现出协调一致性"的功能。此外，认知心理学、社会心理学和决策科学研究等领域都对此有涉及，并提出了如信息共享（information sharing）、交互式记忆（transactive/transactional memory）、团队协作图式（teamwork schema）、认知一致性（cognitive consensus）等相关概念，概念表述尽管不尽一致，但内涵相近④。

共享心智模型把个人心智模式的概念延伸至企业组织层面，作为群体层次的认知结构，是对组织成员共有隐含知识和非智力因素

---

① 武欣，吴志明. 团队共享心智模型的影响因素与效果 [J]. 心理学报，2005，37（4）：542-549.

② 龙飞，戴昌钧. 基于组织共享心智模型的组织知识管理研究 [J]. 情报杂志，2007（1）：81-82.

③ 陈荣虎. 心智模型及其管理学意义 [J]. 现代管理科学，2006（6）：37.

④ 白新文，王二平. 共享心智模型研究现状 [J]. 心理科学进展，2004，12（5）.

系统的一种表达，是一种虚拟的、以共有知识为主要结构的自组织系统。吕晓俊认为"分享性心智模式"是一种团队或组织中成员共享的知识和信念体系，是指在工作团队或组织中，成员以相似的方式来描述、解释和预测社会事件，形成对工作环境适合的解释和预测，并协调彼此的行动以使行为适应于环境或其他成员的要求。他梳理了在集体的策略性决策中共享心智模式研究的相关术语及其含义（如表5-1），然而，表5-1中的决策研究文献中有个共同的假定前提——有关策略问题的群体知识结构存在于某些集体表征中，虽然它们对共享的内容部分的表述不尽相同，有些研究者认为共享的是信念或理解，有些则指出共享的是参照、框架或等级分类。[①]

表5-1 集体的策略性决策中分享性心智模式研究的相关术语及其含义

作 者	术 语	含 义
Axelrod(1976)	集体认知地图	个体整合的信念和论断
Bonham, Shapiro & Heradstveit(1988)	群体认知	多个个体的信念和政策偏好整合成一个大的地图
Bougon, Weick & Binkhors(1977)	集体的因果地图	个体地图的整合
Daft & Weick(1984)	集体（组织）解释	在上层管理人员中发展共享性的理解和概念图示的过程
Eden, Jones, Sims & Smithin(1981)	inter-subjectivity 交互主观性	成员有相当的文化、组织和社会的共同性
Fiol(1993)	组织一致性	组织沟通内容和形式的意义的多维度结构
Floyd & Wooldridge(1992), Wooldridge & Floyd(1989)	策略一致性	有关基本组织优先序列的集体的认知，包括共享的理解和共同的承诺

---

① 吕晓俊. 组织中员工心智模式的理论与实证研究 [D]. 华东师范大学博士学位论文, 2002: 30, 90.

续表

作　者	术　语	含　义
Gioia & Sims(1986)	认知一致性	共同分享的认知过程,信息加工和评价的相似性方式
Grey, Bougon & Donnellon (1985)	一致性意义	意义取决于在概念及其关系、意识形态之间的一致性
Innami(1992)	群体信念结构	个体信念和知识的集合
Isabella(1990)	集体性的解释	个体所分享的参照框架
Langfield-Smith(1992)	集体认知	被成员不同程度赞同的社会事物(artifacts)
Panzano(1992)	分享的框架	决策者用来描述策略问题等级分类和维度中的共同性
Prahalad & Bettis(1986)	主导的一般管理逻辑	商业工具的心智状态或世界观,以共享认知地图的方式储存
Smircich(1983)	共享的意义	共同的解释模式和分享的经验的理解
Walsh & Fahey (1986); Walsh, Henderson & Deighton(1988)	协商的信念结构	权力和信念的结构,在决策群体中建立的认知倾向
Weick(1979)	共享的意义	被社会化构建、协商和一致性合理化的意义
Weick & Bougon(1986)	集体因果地图	因果地图的集合、平均
Wellens(1993)	群体情境意识	个体间关于环境事件的共同观点的分享

个人心智模式与组织心智模式相互影响,组织作为个人的集体也有心智模式,即组织成员的共享心智模式,它包括组织的世界观和组织常规两个部分,具体表现为组织的主导逻辑、战略假设、企业文化等。组织的共享心智模式既是组织成员心智模式的概括,反过来又影响组织中的每个成员。个人心智模式可以通过组织的其他

成员改善共享心智模式从而改善自己的心智模式①。

组织共享心智模型包括组织隐性知识共享结构和内在价值意义共享结构两方面的内容，这两方面的内容之间存在着明显的互动关系②——这是因为，组织隐性知识共享的知识结构主要是组织成员在因果关系方面认知的一致性，而其意义结构则主要是组织成员在价值关系方面认知的一致性，而在一项具体组织行为的选择上，因果关系方面的认知扩大了该行为产生结果的可能性，而伴随着这种可能性的扩大，又提高了组织成员对该项行为目标进行价值选择的可能性。

5.2　认知地图进行隐性知识共享的实现

有研究者将知识共享手段分为ICT和组织文化两类③，在知识共享的手段中，ICT是知识共享的物质基础，为知识共享提供了硬环境，而组织结构调整与企业文化建设为知识共享构造了软环境。李作学④则认为个体隐性知识的共享方法有隐喻、认知地图和基于案例的推理。

在一篇题为《不同的知识，不同的受益：从生产力角度分析组织的知识共享战略》的研究报告中，哈斯和汉森分析了组织中两种截然不同的知识共享模式⑤，其中就包括员工个体之间的直接沟通，它给那些很难用文字表述的隐性知识或者非成文知识的传递

---

①　李栓久，陈维政．个人学习、团队学习和组织学习的机理研究［J］．西南民族大学学报（人文社科版），2007，28（9）：215．

②　龙飞，戴昌钧．基于组织共享心智模型的组织知识创新成果内部传播效率分析［J］．研究与发展管理，2008，20（4）：59．

③　樊治平，孙永洪．知识共享研究综述［J］．管理学报，2006，3（3）：374-375．

④　李作学．隐性知识计量与管理［M］．大连：大连理工大学出版社，2008：176．

⑤　沃顿知识在线．知识共享的效果能否名至实归？［EB/OL］．［2010-2-1］．http：//www．knowledgeatwharton．com．cn//index．cfm？fa＝viewArticle&Articleid＝1788．

5 隐性知识的共享——基于认知地图的范畴维度

提供了可能性。

作者认为，认知地图之所以能够实现隐性知识共享，一是提供了基于集体映射的组织心智获取方法，这是一种促进对话共享的质性方法；二是提供了联合认知地图、子认知地图（或商认知地图）的构建与分析方法，这是一种共享心智的技术手段。

5.2.1 从单射到群射的转变

研究发现，文件、数据库、群组软件（Group Ware）等任何智能型系统都无法取代企业人员在知识转移与创新中的角色。Alan Webber 在《什么是新经济体》（What's So New about the New Economy）一书中即说，在新经济体中，谈话是最重要的工作型态。这是知识型员工确定自己的知识，并进而与同事分享知识的方法，它也是组织创造新知识的重要过程①。Nonaka 在 1994 年提出，欲具体化隐性知识，所面临的将是会谈（conversation）的问题。

如果说个人认知地图的获取是采用因果映射中的单射方法，那么为实现隐性知识的共享，认知地图的获取方法应该完成从单射到群射的转变。同为质性研究方法，集体映射的优势在于固有的映射动态往往能够得到从个人访谈中通常无法获取的观点。认知映射工具通过流程化的群体访谈和讨论，帮助我们实现了隐性惯例的"集体地图"的展示。

据文献所述，构造群射或集体映射有几种方法。它们可以由个体映射的平均组成，也可以是个体映射的合成物，或者在集体讨论中衍生出来。由于集体映射可能包含的内容比个体映射结合起来的更多，在此，我们认为因果映射应该是基于群体讨论的群体活动。通过听取别人的意见并重新考虑自己的观点，团队成员能够在集体层次的互动和讨论中反省自己和他人的行为。另外，集体映射"作为一种可视化的交互模型，以可转化的物体形式运作这一点鼓励对话"（Eden & Ackermann，1998）。这种映射既不是组织里的

---

① 尤克强．知识管理的三种策略［EB/OL］．［2010-2-1］．http：//www.chinakm.com/KM_researcher/KMBaseTheory/kmClassicArticle_0673.html.

每一个人观察到的现实的反映,也不是其一个人观察到的现实的反映,而是对所发生事物的集体构建的评价。

集体映射要求我们建立灵活的交流方式,促进知识共享。隐性知识经常是模糊和情景化的,具有强烈的内部黏性(internal stickiness),获取它的完整意义需要知识共享双方进行积极交流,不断试验与反馈。面对面地对话是共享情景化隐性知识的十分有效的方式,它能使隐性知识的拥有者和获取者进入一个互动的框架,各取所需。企业通过有意识地营造开放式对话机会和场所,鼓励员工在工作和休闲的时间多与其他部门的员工交谈。用丰富形象的语言甚至是形态表演把自己的隐性知识尽可能地表达出来。面对面的对话一方面使隐性知识的拥有者可以更好地言传身教,另一方面使隐性知识的获取者集中注意力,通过移情进入与拥有者的同一情景中,更好地领会隐性知识。

Eden[1]开发的"战略选择发展与分析"系统(Strategic Options Development and Analysis, SODA)中衍生出构建问题的SODA启发方法,它基于认知映射的概念,用于表示一个人对问题的思考,包括节点与思想和弧与思想的链接。一般来说,每张图不超过100个节点。利用SODA方法,通过使用访问调查,个人能够通过问题分析得出解决策略。这种技术首先需要对决策者进行多次一对一的相互交流,之后由个体构建对方的认知地图。经过反馈和协商之后,把个人的认知地图整合为一个复合地图(composite map)或者一个单独的战略地图(strategic map)。这种认知地图技术使得决策者在分享信息的过程中产生了更多的新知识和新方案。

战略选择发展与分析法(Strategic Options Development and Analysis, SODA)是集体映射的标志性方法,在战略形成阶段,用它来帮助顾问人员与客户一起解决大量复杂问题显得特别有效。对参与者对一些问题的看法进行深度会谈,形成个体认知地图,然后

---

[1] Eden, C.. On the Nature of Cognitive Maps [J]. Journal of Management Studies, 1992, (29): 261-265.

5 隐性知识的共享——基于认知地图的范畴维度

将其融入群体认知地图中。深度会谈的目的,在于揭露我们思维的不一致性,要求所有参与者必须将他们的假设"悬挂"在面前,还必须有一位辅导者来掌握深度会谈的精义与架构。在 SODA 方法中,允许成员各自保留对现实问题的不同观点是重要的,因为这样才能保持群体应有的活力。在个体认知地图与群体认知地图融合阶段,个体和群体之间良好的沟通会使数据的汇总过程顺利完成,而不会使参与者感到他们自己的认知地图的内容和细节被流失与忽视。

乔哈里相识模型或乔哈里窗(又称知识共享的处方性模型),能正确解读并实现群体中的对话与知识共享。知识共享的处方性模型(Joseph Luft & Havry Ingham,1984,如图5-1)指出了为使自己已知并且他人已知的区域即组织内部开放区的范畴越来越大,我们应该通过公开自我来更加开放组织的隐藏区,同时通过倾听与回应来更加开放组织的盲区——这突出表现了公开自我的技能以及倾听与回应的技能在组织知识共享中的重要性。

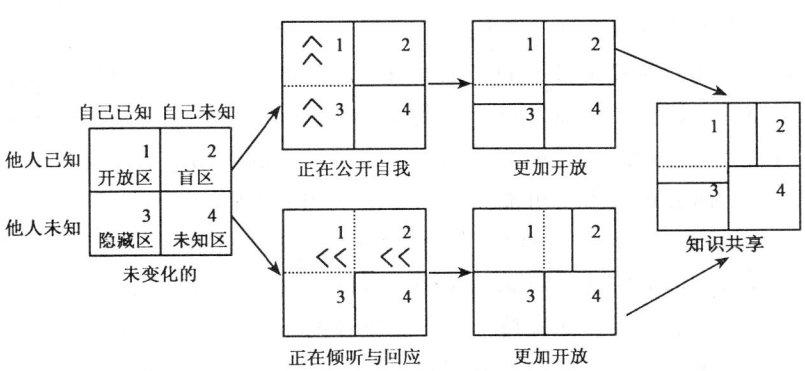

图 5-1 知识共享的处方性模型(Joseph Luft & Havry Ingham,1984)

正因为群射会议与一般会议特别是中国社会固有情境下的会议形式具有大不相同之处,作者在此阐述群射会议可能会遇到的问题以及会议推动者应该明确的基本假设,这将赋予其经验,让其知道一群人集合在一起讨论解决问题时通常会产生哪些问题和错误,以便能在问题产生之前控制它们。

在如今的会议上，我们中的大多数人遇到过一系列阻碍我们集中注意力参加会议的问题。下列行为模式对会议的参与起到了消极作用：（1）小部分人垄断了该讨论；（2）大多数人没说出任何意见；（3）大家对与会者的意见进行辩论——有时候还带有人身攻击，而且它与原来的讨论没有任何关系；（4）与会者说出诸如："哦，这些事不值一提！"（5）有些人说："干吗听他的？他知道什么！"（6）大家相信他们之间肯定有人知道答案，但是没有对该答案的质量进行评估的方法；（7）情况也可能是所有的问题又摆到老板面前，因为人们想：他是拿最多钱的，让他去找答案好了。

说明群射会议的一些基本假设是很重要的，它们会在会议行进过程中起到一定的作用。举些例子：（1）每个人都有智慧；（2）最明智的决策需要所有人的智慧；（3）没有答案是错误的；（4）整体大于局部相加之和；（5）每个人都有倾听别人想法和被别人倾听自己想法的机会。

群射的存在表明，为同一个问题画一幅以上的认知地图，从而满足不同的需要是必要的，也是可行的，因为存在参与议题研究的认知共同体的大小以及对于问题理解的不同细节层次等诸多方面的问题。如公司经理可能需要包含了更多细节的认知地图来理解生产运作，而公司董事会可能需要一个更宽阔的视野。

如图 5-2 所示，一幅认知地图中细节的数量取决于它的目标；变量的名字可以变化以满足不同人理解的需要，但是所有的认知地图在概念上必须彼此保持一致。圆锥体的认知地图看起来更像一个号角，每一个阴影面积的椭圆代表了一个层次的认知地图。四个层次把发起者和分析人员的观点联系起来。第四层次的认知地图比其他层次都大，它也是建立模拟模型必需的细节。

在实际的认知地图分享之中，一般都是从第二层次开始，接着可能推进到第三层次。当然，在细节上争论认知地图具体处于某一层次是无用的，正如我们无法判断基于认知地图的隐性知识共享进行到何种阶段一样。

5 隐性知识的共享——基于认知地图的范畴维度

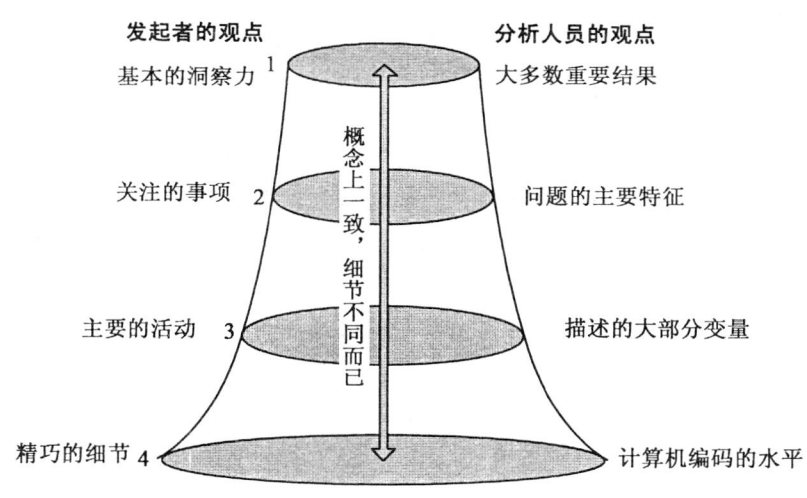

图 5-2　圆锥体的认知地图①

5.2.2　认知地图的合成与分解

建构者在绘制某一工作领域的认知地图时，首先要从自己的隐性知识中选择节点，然后依据"因果关系"或者"导致关系"进行连接。在此期间，建构者既可以互相分享隐性知识，也可以在随机的头脑风暴中创造性地提出新的"想法"节点或连接关系。

由于建构者拥有的知识、经验不同，所绘制出来的认知地图就具有独特性，相互分享认知地图，实际就是在分享自己的隐性知识。此外，认知地图作为一种知识可视化工具，也可以促进有意义学习的发生。在协作的环境下，建构者将个人对某一领域的认知地图和他人的认知地图进行比照，通过讨论和辩论达成共识，在优化自己的知识结构的同时，明晰一些模糊的节点。

迄今为止的调查都表明了面对面的交流是社会表征最高的媒

---

①　杰夫·科伊尔著，常东亮，王春利译. 战略实务：结构化的工具与技巧［M］. 北京：中国人民大学出版社，2005：25-26.

体，因为它能提供的"暗示"信息最多，最可能会激发人们丰富的互动和想象。不得不承认，由于会议时间、人力和物力的限制，不可能使每位与会者得到很好的关注，也就不可能调动每一位与会者积极反思和适时引发与会者的隐性知识。

所幸的是，通过借助信息及计算技术的优势可以在一定程度上弥补这个不足。认知地图特别是模糊认知地图的显著特点就是系统之间具有简单的可加性，并能表示很难用树结构、Bayes 网络及 Markov 矩阵等表示的具有反馈的动态因果系统。

作者认为，可以合并和分解是认知地图可计算性特征的突出表现，由于认知地图的可计算性，衍生出其具有群决策辅助性、可存储性以及可重用性，其对于隐性知识共享的作用在于如下三个方面：（1）对于群决策的支持。认知地图的合并算法使得几个专家的认知地图可以进行合并生成最终的认知地图，这给不完备信息的即时决策环境下的企业管理者以重大支持。（2）存储认知地图作为组织记忆。基于案例推理的认知地图驱动的隐性知识管理方案①表明认知地图可以实现编码化存储和动态推理，这些案例可以作为组织隐性惯例的来源。（3）认知地图的再利用。基于认知地图的隐性知识表达与共享之间是一个相互促进的过程，在强调隐性知识动态管理的同时要求认知地图具有动态更新功能，这表明了认知地图对于不同共享情境的适应性。

5.2.2.1 模糊认知地图的合成

在实际研究与应用过程中，人们发现，在描述或构造一个复杂系统时，更倾向于把复杂系统分解为各子系统，通过各子系统间的共同部分发生作用。作者认为把各子系统用子认知图来表示，经过联合后变为联合认知图，联合认知图即对应着这个复杂系统的认知图。假设各位领域专家构造的认知地图经过精练与综合以后，分别得到各子系统标准认知图的邻接矩阵为 $A = (a_{ij})_{a \times a}$，$B = (b_{ij})_{b \times b}$，

---

① Noha, J. B., Leeb, K. C., Kimc, J. K., et al. A Case-based Reasoning Approach to Cognitive map-driven Tacit Knowledge Management [J]. Expert Systems with Applications, 2000 (19): 249-259.

5 隐性知识的共享——基于认知地图的范畴维度

$C = (c_{ij})_{c \times c}$, $D = (d_{ij})_{d \times d}$,…,它们组合成整个系统的矩阵 $F = (A+B+C+D+,\cdots)_{n \times n}$（式中 n 为各子系统认知图所拥有不相同概念的数目）。假设存在一个复杂系统可以分为四个子系统，它们的邻接矩阵为 F_A, F_B, F_C, F_D，其可通过一定的算法合成为一个复杂系统的邻接矩阵①，以下谨作说明。

如何构造一个具有一致性的复杂系统的邻接矩阵，使系统能达到相互合作与协调，是一件很困难的事情。如上，在矩阵 F 中，若各对应节点概念间因果关系相同，则很容易通过简单的算术平均得到复杂系统的邻接矩阵。各子系统的相互合作、协调与影响是通过概念间的权重来作用的，然而，在各子系统中，它们对应的权重在一般情况下是不相等的，甚至连正负号也不同。有文献②提出借助专家干涉的方法——但这种操作方法具有自己的特殊性，因为这些操作是建立在各位专家对同一系统具有不同认知基础之上的。而这里，子认知地图已经反映出客观世界，只不过在不同的子系统中导致对整个系统的影响程度不同而已，所以我们不能对各权重执行 $\oplus \lambda A$，$\max A$，$\min A$ 等策略。

解决本问题的原则是：在满足系统整体性能的基础上，使各子系统的性能达到最佳。各子系统依据自己的局部观点来构造认知图，其在自己的子系统中是正确的。从矩阵 F 可以看出，在不同的系统中概念 A 对概念 B、概念 C 的影响是不同的，故而当作一个系统来考虑时，概念 A 对概念 B、概念 C 的影响是整体的，需要综合概念 A 对概念 B、概念 C 的影响。这种影响是对客观存在的综合，不能简单处理。

怎样求出 $A \rightarrow B$，$A \rightarrow C$ 的影响，比较简单的方法是选择出现概率最大的 w_{ij} 作为 $A \rightarrow B$，$A \rightarrow C$ 影响的权重。但当几种概率较为接

---

① 骆祥峰. 认知图理论及其在图像分析与理解中的应用 [D]. 合肥工业大学博士学位论文, 2003: 15-16.

② Silva, P. C.. New Forms of Combinated Matrices of Fuzzy Cognitive Maps [J]. Proceedings of IEEE International Conference on Neural Networks New York, 1995 (2): 771-776.

近时，又出现无法选取的状况——对此，可采用整个系统认知节点达到最佳的思想来选取权重①。

由于在分布式环境中，各个专家往往只具备自己的特殊隐性知识而不具备全局知识，如果相关的知识能从分布的专家那里聚合在一起而组成一个组合图示，那么对多个专家间的协调合作会比较容易。对于隐性知识管理系统来说，如何把专家们的知识进行合成一直是一个难题，而利用模糊认知图来表达专家的知识就能很好地解决知识合成问题②。关于某个问题的模糊认知图可以看成是对这个问题求解方法的局部或者不完全描述，若这个问题有 k 个模糊认知图，其对应的邻接矩阵分别是 $F_1, F_2, \cdots, F_k$，每一个邻接矩阵都有 n 行 n 列（其中 n 为所有模糊认知图中出现的概念数），它们都按照同样的顺序排列，将这些模糊认知图对应的邻接矩阵相加

$$F = \sum_{i=1}^{k} F_i$$

即可获得一个扩充矩阵 F，而通过这一个扩充矩阵 F 又能够构造出这个问题的完全模糊认知图，即完成了对专家的隐性知识的量化合成，如图 5-3 所示③。

由此看出，认知地图的合成是一个知识聚合（pooling）的过程。对于相同认知单元间的因果关系可以采用以下具体方法进行合成：设有 k 个专家，其中 m 个专家对某一问题解决方案提出有负面作用，n 个专家提出有正面作用，即 m 个专家提出 $u_R(x, y)$ 是负的，强度分别为 $u_1, u_2, \cdots, u_m$，而 n 个专家提出 $u_R(x, y)$ 是正的，强度分别为 $v_1, v_2, \cdots, v_n$，则综合各专家的意见后可得到一个合成的因果关系强度即 NPN 值 $[a, b]$，它可由以下计算得到：

---

① 骆祥峰. 认知图理论及其在图像分析与理解中的应用 [D]. 合肥工业大学博士学位论文，2003：15-16.
② 孙中伟. 可视化智能映射的理论及其应用研究 [D]. 西北工业大学博士学位论文，1999：57-58.
③ 孙中伟. 可视化智能映射的理论及其应用研究 [D]. 西北工业大学博士学位论文，1999：57-58.

5 隐性知识的共享——基于认知地图的范畴维度

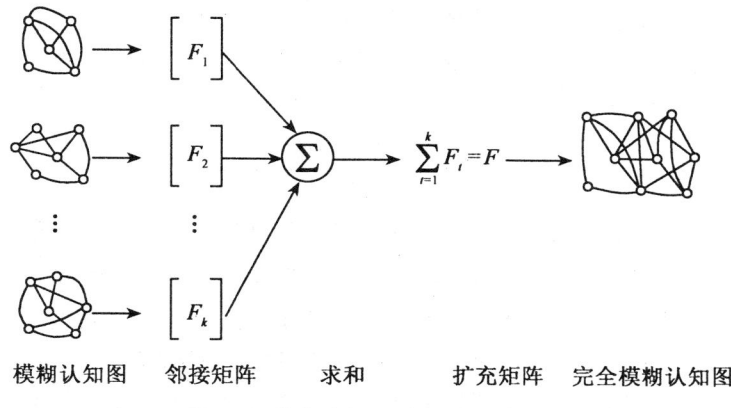

图 5-3 模糊认知地图 FCM 的合成

$$a = \frac{\sum \mu i c i}{m}, \quad b = \frac{\sum \nu i c j}{n}$$

其中 c_i、c_j 为各个专家的置信度。当有不同专家在不同的但相关或重叠的领域有专长时，首先是在同一组中按式中合成所有断言组成部分 FCM；其次是合成不同组的部分 FCM，通过融合相同的认知单元（设定相同认知单元间设双向权值均为 1）组成一个集成 FCM（aggregated FCM）；最后，在一个大环境中，一个集成的 FCM 可以看成是一个部分 FCM，以作进一步的合成。采用这种方法，一个 FCM 组成图可以重复使用，在分布式环境中，用来合成不同专家、不同组织、不同但相关应用领域的部分知识[①]。

Dikerson 和 Kosko 于 1997 年将不同专家的意见和模糊认知地图 FCM 合并为一个新的扩大的模糊认知地图（augmented FCM，AFCM），将边矩阵的合并公式给出为：

$$F = \sum_{I}^{N} w_i E_i$$

---

① 杨亚萍，胡俊杰. 模糊认知图在协同式医疗诊断系统中的应用 [J]. 计算机工程与应用，2006，42（7）：219.

其中，F 为所有的边矩阵，w_i 是专家 i 给的正权重，E_i 是专家 i 给出的认知地图的矩阵形式，N 是所有的专家数。

由于节点是模糊集，因此概念值需要被转化为模糊集，最大化、最小化公式有：

$$u(c_i) = \frac{c_i - \min(C)}{\max(C) - \min(C)}$$

当合并个人的认知地图到组织的认知地图时，会出现很多差异性问题：（1）人们会使用不同的单词来描述相同的概念或相同的现象，因此有必要列出一个同义词的叙词表；（2）因果关系也会出现差异性，有两种类型，存在式差异和方向性差异；（3）因果值差异，可以采用知识合并技术，合并个人单元的因果值生成一个权重值，可以采用上述 Kosko 的模糊知识合并公式①。

5.2.2.2 模糊认知地图的分解

一般地，模糊认知图（FCM）之所以难以分析就是由于其庞大的规模和复杂的内部联系。实际上，把所研究的事物都放在一个层次或一个集合框架中研究，甚至使得有些算法复杂度增加以至不能应用，势必大大增加解决问题的难度。因此，根据一些特征及研究兴趣、目的，我们往往可以把复杂系统分成一些不同的类，使我们所研究的事物是这些类的并集。这样一种按类研究、分层研究的简易方法论的提出，将大大简化问题的维度、难度与复杂性，而这种分类可以连续递归地进行，同时也使我们对复杂系统模糊认知图的研究可以在各个层次和各个分类上进行，正如本书前文所述，圆锥体的认知地图模型告诉我们，不同层次的认知地图能够提供不同程度的细节信息，使研究更丰富、更灵活。

有学者撰文针对复杂系统提出了一种 FCM 分组分解的理论及算法②。下面谨对其算法思想做如下解释：我们先把考察对象分成

---

① Kwahk, K., Kim, Y.. Supporting business process redesign using cognitive maps [J]. Decision Support Systems, 1999, 25 (2): 155-178.

② 张桂芸，马希荣，杨炳儒. 复杂系统模糊认知图的分解研究 [J]. 计算机科学，2007，34 (4)：130-131.

一些子集（交集为空或者有少量交集也可以），然后把这些子集作为新的研究对象节点（组节点），在这些子集节点之间建构商认知图，即首先对原始认知图的节点进行分组（它们可以是原认知图节点的划分或者有小部分的交集），将 FCM 划分成"组（簇）"，每个组 V_i 引出一个保留原始的拓扑结构和推理的子 FCM，然后定义组节点 V_i 的状态值与组节点间的关联强度，构造商认知图（如图 5-4 所示）。这样我们就将一个原始 FCM 分解为一个商 FCM 和若干个有意义的子 FCM。对于原始 FCM 的分析就转化为对商认知图和子 FCM 的分析。商 FCM 的因果关系推理提供原始 FCM 的整体信息，每个子 FCM 能够提供原始 FCM 的局部信息，商认知图大大降低了原认知图的规模和复杂度，同时也丰富了 FCM 在各个层面上和不同分类上的表示与推理。

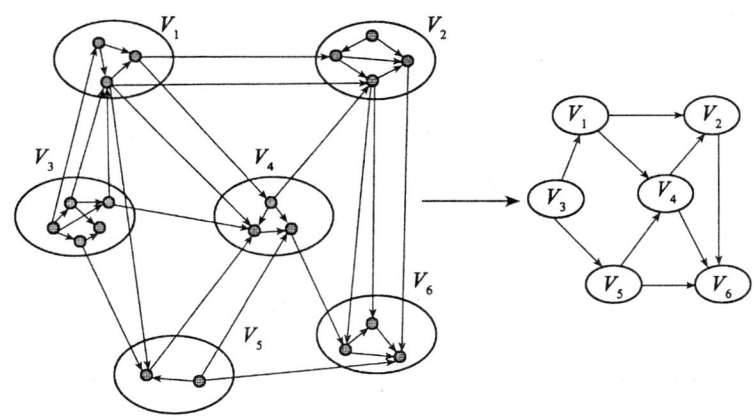

图 5-4　商认知地图的分割示意图

然而，这种分解可以根据需要往复进行。最后必须指出，构造出适当的原始 FCM 和商 FCM 模型并非易事。因此在构造认知图时，专家要尽可能全面、客观、科学，同时有恰当的修正和学习认知图的方法，包括对概念节点和权重的修正和学习。对于商 FCM 还存在着顶点分组、商 FCM 中组节点的状态值与边权值的定义和数学模型的科学化问题，尤其是不适当的多边聚合（指组节点间的权值定义），可能会导致非常不恰当的因果关系推理结果。当然，每种聚合方法有自己的优缺点，很难找到一种适合所有情况的统一方法。

5.3 认知地图对于隐性知识共享的意义

5.3.1 认知地图可以帮助构建组织记忆

南希·M.狄克逊在《共有知识——企业知识共享的方法与案例》一文中，在创造和利用共有知识模式的基础上，提出了基于行动—结果联系的知识创造与共享模式。这种模式存在三个基本过程：（1）基于行动—结果联系的内部知识创造过程；（2）基于行动—结果联系的内部知识共享过程；（3）外部知识的获取和吸收过程①。

南希·M.狄克逊认为，在知识从个人认识到组织认识的传递中，事实没有改变，但是事实与其他事实之间的联系方式改变了。这些想法整合在一起，扩展了对原因和结果的重新思考，产生了能引导团队新行动的"如果……那么……"的想法，明确了对所发生的事情的理解，产生了能指导未来行动的新共识。下一次行动中，整个团队按共享的知识采取行动。图5-5（Noha，2000）表示了如何将经验转化为知识，包括从个人到群体之间的转移②。

Noha④等人建立的基于案例推理的认知地图驱动的隐性知识

---

① 姜俊.企业组织中的知识共享的模式研究[J].商业时代，2006（24）：60-61.

② Nancy M. Dixon 著，王书贵、沈群红译.共有知识——企业知识共享的方法与案例[M].北京：人民邮电出版社，2002：38-39.

③ Nancy, M. D..共有知识——企业知识共享的方法与案例[M].北京：人民邮电出版社，2002：38-39.

5 隐性知识的共享——基于认知地图的范畴维度

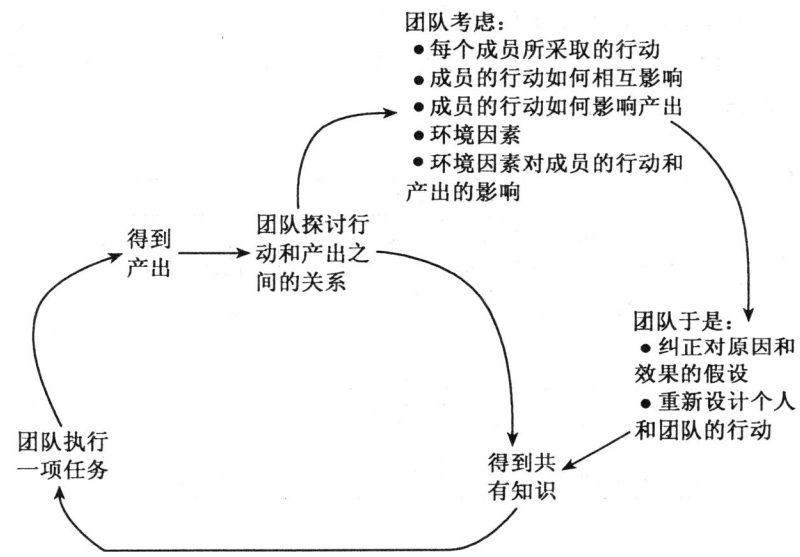

图 5-5　成员知识转化为团队知识①

管理过程分为两个阶段，从有形化阶段的存储认知地图到再使用阶段的提取候选认知地图、改写认知地图以及应用至新的问题，认知地图的可存储性和可重用性得到凸显。绘图者透过这种方式也可以知道别人是如何思考，并帮助彼此互相沟通。在绘制的过程中，认知地图是个人或团体的思考记录，它让个人和团体呈现想法于图上，成为一种外部记忆。

建构者可以稍后再来绘制图的下一部分，好让思考继续延伸或是改变原有的想法。认知地图让研究者在细节中探索每一个选择方案，在这种过程中，研究者可以暂时放下评判，而以更弹性的思考来思索每一种情况下的反应，并追求他们真正所想达到的利益，因

---

① Noha, J. K., Kimc, J. K., Leed, S. H., Kima. A.. case-based reasoning approach to cognitive map-driven tacit knowledge management [J]. Expert systems with applications, 2000, 19 (30): 249-259.

此认知地图将有助于研究者改变过往的思考和行为。

当组织环境变化缓慢或者不变化时，记忆中的模式应用在新环境中，组织记忆帮助组织决定如何对付未来的问题，正因如此，认知地图可以作为构建组织记忆的重要工具。

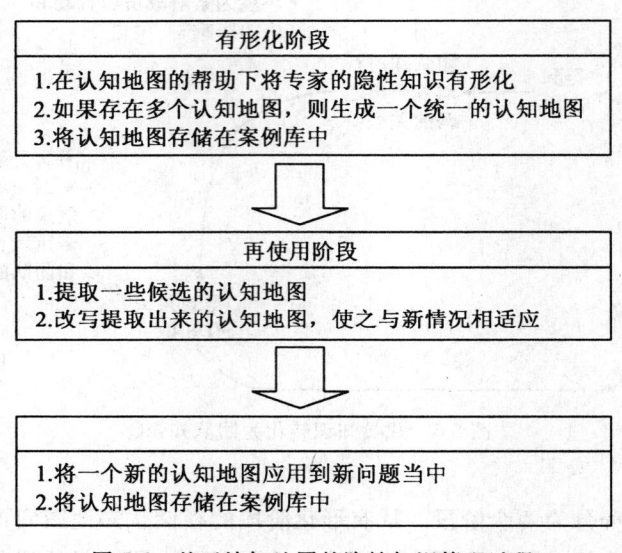

图 5-6　基于认知地图的隐性知识管理过程

5.3.2　认知地图可以导向问题的解决

人类特别的心智构造让我们拥有独特的能力来解决复杂的问题——人类心智拥有辩证的能力，人类的自觉使得我们得以从不同的角度来观察并控制这个过程。问题解决的过程就是运用我们的心智来控制周围环境，这就是所谓心胜于物的力量。

问题解决模式主要基于以下三大前提：（1）问题解决基本上是从经验中学习的过程；（2）问题解决包括借由人类的心智过程来操纵和控制外界；（3）问题解决在本质上就是社会过程的一种。

Cortes，U.，Martinez，M.等人在 2003 年提出一种被称作

Domino Model 的模型来为知识共享库提供解决方案,他们借用 Domino 的传递及连锁反映的特性,通过描述问题从产生到解决再到反馈之间的连带关系,进而形成环路,然后分析这种模型如何作为知识共享系统的解决方案,得到实际应用①。知识共享特别是隐性知识共享与问题的建构与解决之间的密切关系可见一斑。

同知识共享的处方模型一样,问题解决的技能模型通过不断开放组织的盲区、隐藏区甚至是未知区来使得组织利用已有认知基础导向问题的解决(如图5-7)。它是以问题域的边缘化建构直至成为开放区为过程的。在整个过程中,强调组织成员应具备将行为问题化的技能以及建构性反思的技能,通过主体悟性把行为与理性联结起来——而认知地图"Action-CSF-Goal"(行为—关键成功因素—目标)的定性推理链条正好提供了组织成员这一基于问题的边缘化建构工具。如果说,基于认知地图的隐性知识表达导向的是问题的定义,则基于认知地图的隐性知识共享导向的是问题的解决。

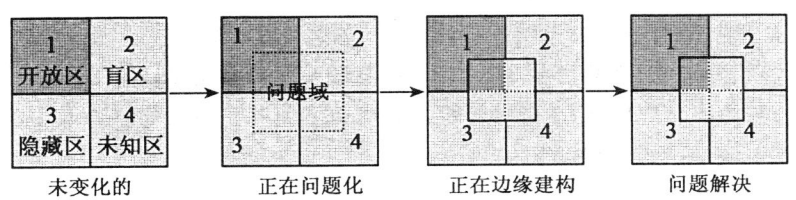

图 5-7 问题解决的技能模型②

因为认知地图让个人和团体能够展现他们全部的思考,所以当使用者将个人的地图与他人分享,或是和团体一起建构地图时,可以彼此探讨原因、解决差异、达成共识、接受回馈,获得互相学习

---

① Cortés, U., Martinez, M.. A Conceptual Model to Facilitate Knowledge Sharing for Bulking Solving in Waste Water Treatment Plants [J]. AI Commun, 2003, 16 (4): 279-289.

② 王洁. 旨在改进课堂教学的校本研修——我们做的和别人做的 [EB/OL]. http://gz.fjedu.gov.cn/wxzl/UploadFiles_ 8506/旨在改进课堂教学的校本研修%20%20王洁.ppt, 2010-2-1.

的好处，使得自身对于问题的了解更加完整。

5.3.3 认知地图可以促进群体知识创造

Eden 把认知地图技术（cognitive mapping technique）应用到群体决策支持系统研究中，与概念映射技术和路径寻找技术不同的是，在构建决策者的认知地图过程中，决策者之间需要进行言语交流，因此更适合在群体背景下使用。如 Eden[①] 开发的"战略选择发展与分析"系统，Ackermann 和 Eden（1998）开发的"旅程"（Journey）系统都运用了这一技术来帮助决策者定义决策问题、形成新的概念和理解他人观点[②]。

戴维·斯科姆和戴布拉·艾米顿将圣吉提出的五项修炼同现代知识管理观念进行对比[③]，可以发现，野中郁次郎和竹内弘高描述的知识过程与圣吉提出的学习原则表现出明显的一致性。借鉴共同愿景的概念，作者把共同愿景描述为隐性的共同目的，这样，认知地图在促进群体知识创造上表现为：

（1）知识共享构建了知识，通过反复地交流沟通，可以给团队提供高水平的群体反应能力，创造出一个新的意识维度，这需要共同的语言以便不同的愿景能够对整体和其目的做贡献——而认知地图就是这样一种共同的语言。

（2）团队中的每个成员必须从共享知识和实践到共享意图和目标：只有当意图和目标得到了共享，有效的群体知识创造才有可能实现——而认知地图正是完成实践和目标之间的因果映射。

---

① Eden, C.. On the Nature of Cognitive Maps [J]. Journal of Management Studies, 1992 (29)：261-265.
② 曾建华，何贵兵. 群体决策中的知识构建过程 [J]. 心理科学进展，2003，11 (6)：686-691.
③ [美] 戴布拉·艾米顿著，陈劲译. 创新高速公路：构筑知识创新与知识共享的平台 [M]. 知识产权出版社，2005：84-86.

6 隐性知识的再表达与再共享
——基于认知地图的分析维度

为什么要进行认知地图的分析？作者认为：（1）认知地图具备研究方法的双重性，而对于认知地图的分析正是其定量化研究方法的具体表现。在认知地图的分析中，其逻辑性和计算性相结合的优越性才能得到完美体现。（2）分析是决策的前提，作为一种决策支持工具，认知地图必须经由分析才能具备其功能，并易于存储和可重用。分析不同于表达与共享，前者导向决策问题的定义与表征，后者导向决策问题的解决。（3）认知地图作为隐性知识表达与共享的载体，必须通过进一步的分析以得到其装载的深层次隐性知识，从这一点上来说，分析是另一种意义上的表达与共享。

认知地图已然成为隐性知识的载体，然而基于分析尤其是量化分析方法，可以进一步深入挖掘认知地图所反映出的隐性知识，促进对于更细节的层次上的隐性知识的共享，这样的过程可以称作是隐性知识的再表达与再共享。

正如之前章节所述，借由认知地图，人们完成了对心智模型的显性化表达，而基于对认知地图的默会而非规范化理解，人们又将认知地图融入了组织的心智模型——这样的一种表达与共享之间的回馈基本是由定性构建产生的。而认知地图研究方法的双重性特征告诉我们，其丰富的语义提供了定量分析与计算的可能，这将隐性知识的表达与共享之间的回馈深入到新的层次。

相对于表达与共享，再表达与再共享具备更深入、更具适应性、更具动态性以及导向问题的分析与解决等重要特征。因为其研究的是隐性知识的载体，所以更深入；因为其处理的是针对认知模型的丰富的计量指标，所以更具适应性；因为其针对因果关系强度的隐含意义引入了时间行为，所以更具动态性；因为其建立在问题的定义与表征基础之上，所以更能导向问题的分析与解决。

6.1 认知地图的分析方法归纳

认知地图技术用于组织分析包括简单的文本内容分析、因果栅格技术、系统地编码因果关系、特殊的面试技巧、计算机软件分析访谈数据及论证映射等，很多这样的技术和应用被综述到 Huff[①] 所编写的书以及一些文章当中。

这些认知映射技术可以很好地解决复杂问题并且深入抽取信息。在内容分析时，浅一点的层次，是识别关键概念，即找出一些在写作或口头表达中经常出现的单词——也就是找出哪些并列词和哪些词经常不停地被使用，标准的文字处理软件可以用于这种分析；更深一点层次的内容分析，如因果栅格技术用于识别个人认知思维的内容和结构，它首先识别概念，然后将概念进行聚类以揭示潜在的维度。在此方法中，重要的概念可以被识别出来，但是分析起来比较复杂，需要使用因子分析法。

6.1.1 已有的不同的认知模型和工具

在《使用认知地图支持企业流程再设计》（*Supporting Business Process Redesign Using Cognitive Maps*）[②] 一文中，Kee-young Kwahk 和 Young-Gui Kim 给出了自己创造的模型——两阶段认知模型（Two-phase Cognitive Modeling，TCM），并且提供了可以应用于解决实际问题的工具 Two-phase Cognitive Modeling Facility（TCMF）。

在文中，作者还综述了用于解决企业决策问题的各种不同的认

---

① Eden, C.. On the Nature of Cognitive Maps [J]. Journal of Management Studies, 1992 (29): 261-265.

② Kwahk, K., Kim, Y.. Supporting Business Process Redesign Using Cognitive Maps [J]. Decision Support Systems, 1999, 25 (2): 155-178.

6 隐性知识的再表达与再共享——基于认知地图的分析维度

知模型方法和工具,这些模型都使用了认知地图,强调了图形的表示和分析,有些甚至使用评价算法来计算认知地图的因果强度。有的还介绍了图形的合并或解决各种图的差异问题,同时为已解决的问题给出评价结果和建议。

这些模型如表 6-1 所示。

A-Pool① 模型是在互联网上基于认知地图的分布型决策过程模型,尽管此模型建议根据一些指标给出决策,然而因果值在分析的时候早就已经假设给出了;COCOMAP② 支持群认知的过程以及通过认知映像进行组织学习,它强调了使用加上符号的认知地图作为知识表达方案,而不是问题解决工具;MIND③ 是一个用影响图—认知地图来支持复杂企业政治和问题计划的工具,尽管它基于一些衡量算法评估和分析了元素间的路径,然而它不能为解决一个具体问题提供指导并且它使用的是直接尺度值;SODA④ 主要是鼓励组织的成员积极定义他们的策略,通过群体决策,使用 COPE 软件或者 Decision Explorer 去获取和管理数据,这个模型有很多应用领域,例如策略发展、组织学习、需求获取等,并且被广大的实践者和学者用于分析定性研究数据,以及基于计算机进行群决策,但是它没有给予衡量计算方法即问题解决的指引。

TCM 模型最初用于支持企业过程重组,通过分析最有效的路

---

① Zhang, W. R., Wang, W., King, R. S.. A-Pool: An Agent-oriented Open System Shell for Distributed Decision Process Modeling [J]. Journal of Organizational Computing, 1994, 4 (2): 127-154.

② Lee, S., Courtney, J. F., et al. A System for Organizational Learning Using Cognitive Maps [J]. 1992, 20 (1): 23-36.

③ Ramaprasad, A., Poon, E. A.. A Computerized Interactive Technique for Mapping Influence Diagrams MIND [J]. Strategic Management Journal, 1985 (6): 377-392.

④ Eden, C., Ackermann, F.. Strategic Options Development and Analysis SODA-using a Computer to Help with the Management of Strategic Vision, in: G. Doukidis, F. Land, G. Miller Eds. *Knowledge-Based Management Support Systems* [M], Ellis Horwood, UK, 1989: 198-207.

表 6-1 用于企业决策问题的各种不同的认知建模型方法和工具①

Characteristics	A-Pool	COCOMAP	MIND	SODA	TCM
Model type	Cognitive map/algorithm	Cognitive map	Cognitive map/algorithm	Cognitive map	Cognitive map/algorithm
Map integration	Yes	Yes	No	Yes	Yes
Discrepancy resolution	Yes	Yes	No	Yes	Yes
Causal value elicitation	Direct assignment	No	Direct assignment	No	Eigenvector assignment
Measurement	The most effective paths and values	No	The total number of paths and strength	No	The most effective paths and values
Guideline suggestion	Decision making based on the criteria	Map analysis (conceptual centrality, loops, etc.)	Map analysis (elements' nature, multi-order consequences, loops, cycles, etc.)	Map analysis (band, central, cluster, loop, collapse, etc.)	Potential conflict/core business activity
Application	Distributed decision making	Organizational learning	Strategic planning problems	GDSS	BPR

① Kwahk, K., Kim, Y.. Supporting Business Process Redesign Using Cognitive Maps[J]. Decision Support Systems, 1999.

6 隐性知识的再表达与再共享——基于认知地图的分析维度

径和值,尽量通过配对比较使用特征向量方法自动抽取因果值,支持差异解决和自动使得多认知地图聚合。TCM 有两个步骤,一是识别因果关系,二是评价每个关系并识别最有效的因果路径。

一个认知地图中包括三个部分:因果概念,因果值,因果联系。主要的难点是如何决定因果值。因为它是一个定性的值,反映了参与者的认知地位,不能直接进行估量,而大多数用于认知建模的方法和系统都是使用直接尺度值。然而这些直接的定义方法有很多局限性,使得过程不是系统的,结果很大程度上依赖于分析员或者参与者的主观评价。

在 TCM 方法中,特征向量的方法通过成对比较,更加系统化地决定了因果值。这种方法也是基于层次分析法(AHP),AHP 的好处是能够构建复杂问题的层次,系统地评价实体间的关系。如果结构方程模型技术如 Lisrel 被用于抽取因果关系,更多有效的因果关系将被获得,Axelord 在《决策结构:基于认知地图的政治分析》(*Structure of Decision: The Cognitive Maps of Political Elites*)一文中就有提到。然而使用这样的统计技术去估量参数来进行认知映射,来表达人们实际所说的因果关系,不是很容易。

6.1.2 已有的认知地图分析方法与指标

认知地图是依照许多不同的约定后编码的,因此可以说,不可能有通用的方法来对待其分析。事实上,对分析的解释和意义只能用于有关研究目的和表达形式的理论基础,如作为因果地图、有向网络,或任何其他图形。考虑到这些前提,下文概述了大量分析认知地图的技术。

各种具体的理解和评价认知复杂性的衡量方法,并不是意图解决有关认知复杂性的这一棘手问题,而是简单地指出,它们比许多其他常用的方法更加趋于合理化。最终,这些方法通常是被视为认知地图复杂性的组合性指标①。

认知地图是一种开放性的数据收集方法,它还具有很好的可分析性,并在这两端取得了很好的平衡②。因果认知地图可以从两个维度进行分析:内容和结构。这两个维度是由 Dunn 等人提出的,它基于因果栅格技术,可以分析内容的不同,结构的不同则可以看图的构建复杂度。内容的分析通常在很大程度上是定性的,或采用定性和定量相结合的技术,例如在战略转变与环境研究中;为了探讨认知地图的结构特点,研究人员经调查首先构建综合性、密度和中心性等指标。

认知地图的简单分析可利用 Decision Explorer 软件包提供的定性—定量的指标,Decision Explorer 软件包由斯特拉斯克莱德大学(University of Strathclyde)开发,主要用于认知地图的绘制和分析。Decision Explorer 可以用来整理(tidy up)认知地图、分解(collapse)与合并(merging)认知地图等工作,其包含的 40 多个分析命令则涵盖了确认节点性质、深入认知模型的结构、评价节点重要性等简单分析两种方法。

此外,在以往的研究中,学者们发现了可应用于认知地图分析的诸多方法③④⑤,依据其特征可以分为定性分析和定量分析两种方法。

6.1.2.1 定性分析方法

定性分析包括寻找孤立节点、寻找头节点和尾节点、寻找权力

---

① Eden. C., Ackermann. F., Cropper, S.. The Analysis of Cause Maps [J]. Journal of Management Studies, 1992, 29 (3): 309-323.

② 倪旭东,张钢. 作为思想挖掘工具的认知地图及其应用 [J]. 科研管理, 2008, 29 (4): 22.

③ Eden, C.. Analyzing cognitive maps to help structure issues or problems [J]. European Journal of Operational Research, 2004, 159: 673-686.

④ Jenkins, M., Johnson, G.. Entrepreneurial intentions and Outcomes: a comparative causal mapping study [J]. Journal of Management Studies, 1997, 34 (6): 895-920.

⑤ Eden. C., Ackermann. F., Cropper. S.. The Analysis of Cause Maps [J]. Journal of Management Studies, 1992, 29 (3): 309-323.

节点、聚类（族群）分析、发现良性或恶性循环、中心问题分析、形状分析、模式分析等①②③④⑤。

（1）孤立节点就是在认知映射中已经存在，但是没有连接的节点。寻找孤立节点的目的，就是要判断它是否有与其他概念的联系，存在于何处，并添加合适的连接。如它在已有的认知映射中确实孤立存在，则它可能代表还未探索的未知领域。这些孤立节点可能在初始的头脑风暴中出现，没有重大关联，现在可能被删除或者在别处得到重表达现在被删除或合并。

（2）检查地图中的头节点和尾节点是另外的一种有用且快捷的分析方式。头节点是图形顶端或者推理链条末端的输出结果。尾节点则位于起始节点或者推理链条开始的一端。认知映射的内容决定了这两种节点的特征，如果映射一系列事件的链状关系，则头节点大部分会是最终陈述或是"那么……"这样的句子；尾节点则是触发事件、初始原因或变化的推动因素。在致力于研究人怎样查看或感知特殊环境的认知模型时，头节点会是表征渴望或乐意与否等概念的重表达，而尾节点则表达行动的可能性，而这些指向乐意与否等概念会导致的结果。

每个认知地图的头节点平均是 3 个（范围从 1 到 4）。头节点与模型的变化和额外工作的需要极其相关。每个认知地图的尾节点平均是 5 个（范围从 3 到 8）。在认知地图中，尾节点概念主要表

---

① Banxia Software Limited. *Decision Explorer User's Guide Version* 3 [M]. Sage Publications Ltd, March 12, 1998: 23.

② Jennifer, R.. Banxia Software Ltd. *An introduction to Decision Explorer* [M]. (Version 1.4), 2002. [2010-2-1]. http://www.banxia.com/dexplore/pdf/DEIntro1.pdf.

③ Nunzia Carbonara, Barbara Scozzi. Cognitive Maps to Analyze New Product Development Processes: A Case Study [J]. Technovation, 2006, 26 (11): 1233-1243.

④ Borne, J. C.. Mitigating Disaster: Mapping Cognitive Processes in Applying Technology To crises [D]. Nicholls State University, May 2007.

⑤ 倪旭东, 张钢. 作为思想挖掘工具的认知地图及其应用 [J]. 科研管理, 2008, 29 (4): 20-21.

现原因,而不是解决问题的方法,它们都是认知性和解释性的问题。

(3)分析地图也可以通过寻找权力概念节点,其特点是指向多个结果连接,它们可能会出现在多个聚类中,暗示着中心议题。这些强有力的节点经常会是针对决策问题的核心概念。在 Decision Explorer 中有两种方法可以找到权力节点:权力分析(Potent analysis)和共尾分析(Cotail analysis)。权力分析需要与层次聚类分析(Hierarchical Set Clustering, Hieset)结合起来,因为它需要从中创建聚类的详细信息,如图 6-1 所示;共尾分析则是通过寻找引申出一个以上结果的候选节点而得到权力节点的。

(4)聚类分析结果表明,包含在大规模地图里的相关概念中可以寻找出几个相对独立的概念团体或族群,它们与其他团体或族群有极少联系甚至没有联系。这些族群的内部结构往往健壮稳定,因为它受到外部节点的影响较少。通过族群分析可以更好地理解主体认知脉络的阶段性特征和分布式特征,如图 6-2 所示。分析这些团体可以遵循两个路径——分析团体的内部关系或分析与其他团体的外部联系。

在认知地图内寻找概念的族群(聚类)会帮助我们找到焦点议题,并检查相似的概念以及是否达成有意义的连接。对于大型的认知模型,聚类提供我们分解认知地图、有效获得信息的象征性方法;对于小型的认知模型,很可能会只得到一个概念族群,这也并不是没有意义,这说明,现有的映射显示对于问题的有效解决必须考虑地图中的所有节点,没有任何域可以单独作用于结果。Decision Explorer 中提供两种不同的聚类方式——连接聚类(linkage clustering)和层次聚类(hierarchical clustering)①。

(5)良性或恶性循环(有时称为回路)是看待认知地图的另

---

① Umit Ozen. Analyzing Strategic Thoughts of Corporations Based on Cognitive Map [EB/OL]. [2010-2-3]. www.systemdynamics.org/conferences/2001/papers/Ozen_1.pdf.

6 隐性知识的再表达与再共享——基于认知地图的分析维度

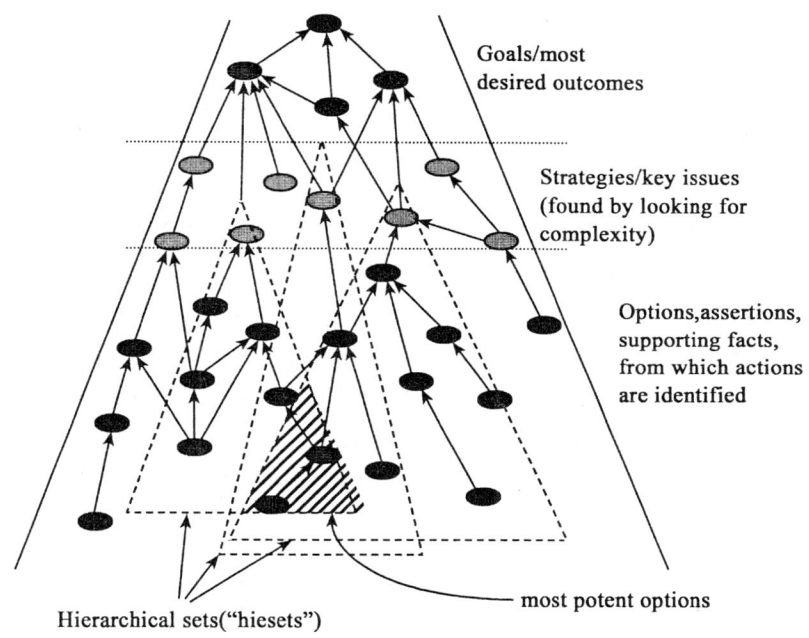

图 6-1　层次聚类分析与权力节点分析示例①

一个特征。回路中若有奇数个负权重的箭头，则预示着一种恶性循环，得到的目标将被认为是不良结果。这时，可以改变认知地图构造，如移除一个负数的箭头或因果联系，那便将得到一个良性的循环。

在认知地图中，当初始概念与末尾概念相连时就形成概念循环，这种情况在一个因素间接影响自身时就会出现。Cossette② 期望找出概念的正向回路以及负向回路，正向循环会对整个系统产生破坏作用，因为它是单一方向的，这意味着一旦重置运动，每个概

---

① Banxia Software Limited. *Decision Explorer User's Guide Version* 3 [M]. Sage Publications Ltd, 1998: 23.

② Cossette, P.. Analysing the Thinking of FW Taylor Using Cognitive Mapping [J]. Management Decision, 2002, 40 (2): 168-182.

念的数值总是在同一方面变化,系统不进行控制,使得每对概念之间的初始趋势从未改变。类似地,一个负向循环对系统有持久的影响,因为系统的活力意味着每个概念的价值增加、下降或交替。概念循环使得认知地图密度低,但一个包含众多概念循环的认知地图显然揭示了高层次的认知复杂性,尽管这种复杂性难以被准确描述。

(6)寻找一个地图的"关键问题"是分析认知地图的另一种方法。这种类型的分析也被称为域分析,因为它看起来是在整体上从一个特定的节点中箭头的不同指向的数量上寻找意义。借鉴图论中的概念,这种对于节点的指入箭头和指出箭头的衡量又称为节点的入度和出度。也就是聚焦于那些具有众多出箭头和入箭头的节点,这些节点我们称之为核心节点,如图6-2所示,它们往往是认知地图中的核心内容,抓住了它们,也就意味着抓住了重点。

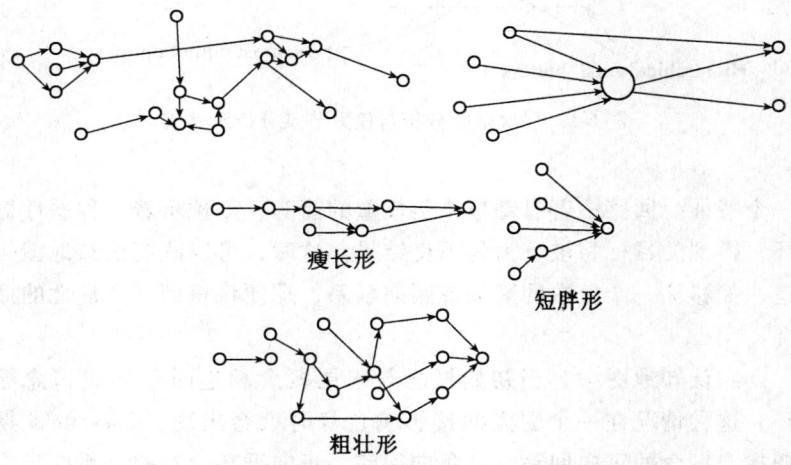

图6-2 认知地图族群、核心节点、形状示意图①

---

① 倪旭东,张钢.作为思想挖掘工具的认知地图及其应用[J]科研管理,2008,29(4):20-21.

(7) 认知地图的形状由映射过程生成，当认为有问题可挖时，就可能是一个进行分析的特性。一般扁形表示对问题深入思考很少，但有较多的选择和观点。一个又高又瘦的形状表明只有很少节点可供选择，但是对问题的理解更深一个层次，如图 6-2 所示。比更有经验的人员来说，一般个人经验的认知映射更倾向于用更少的概念和更多的箭头。

(8) 模式（style）提供了不同的人或部门表示出的概念的类型这一信息，模式分析旨在研究认知地图中概念的归属及类型。

最近的研究已开始注重检测和分析地图随时间发生的变化，以了解认知地图的稳定性程度和研究可能影响改变的因素。也有研究者通过优先考虑问题的条件和提供信息的有效性，致力于发掘认知地图的价值，而这正是现有的认知映射技术和理论所忽略的。

6.1.2.2 定量分析方法与指标

定量分析方法依据其反映的主要内容可以分为反映复杂性和反映重要性的分析方法，此外还包括因果路径分析等，常用定量分析方法与指标有：

(1) 复杂性分析。

通过节点间的连接数量来计算认知复杂性。如果有：A→B，B→C，C→D，此时有四个节点（A，B，C，D），三个连接，所以复杂度为 3/4，如果有：A→B，B→C，C→D，A→C，B→D，此时依然是四个节点（A，B，C，D），但有五个连接，所以复杂度为 5/4，数字越大表示认知复杂度越高，一般情况是 1.15~1.20。能够在毫无关系的两个概念间取得联系则表示该认知结构有较高的创新潜力。如果复杂度小于 1∶1，应该补充失去的连接；如果复杂度高于 15∶1 或 20∶1，应该判断并去除多余的连接①。

计算认知复杂性的第二种方式就是计算其密度，密度 d 被定义为 $d = m/n(n-1)$。其中，m 是模型中有向连接的个数，n 是模型中概念的个数。分母 $n(n-1)$ 等于一个具有 n 个节点的有向图可

---

① Analysis of a Decision Explorer Model [EB/OL]. [2010-2-1]. http://cis.gsu.edu/~alipp/CIS8650/DEAnal.ppt.

以有的最多连接数。密度表征了模型的复杂性,越高的密度表示模型越复杂,进而表示模型的代表的问题越复杂,典型的密度值在区间 [0.05, 0.3] 内[1]。

另外,Selcuk Burak Hasiloglu[2] 基于图论提出了衡量认知地图密度的指标 D、总体变量的中心性指标 C_i 以及层次性指数 h,其中 $D=C/n^2$(C 代表图内连接的个数,n 则代表变量的个数),$C_i=od_i+id_i$(od_i,id_i 分别指的是节点 i 的出度和入度)。

为计算层次性指数 h,需要先后计算平均出度 μ_{od} 以及出度的方差 σ_{od}^2,如下式所示,层次性指数被限定在区间 [0, 1] 内,如果 $h=0$,则说明认知地图"充分民主化";如果 $h=1$,则说明认知地图"充分层级化"。

$$\mu_{od}=\frac{\sum_{i=1}^{n} od_i}{n} \quad \sigma_{od}^2=\frac{\sum_{i=1}^{n}(od_i-\mu_{od})^2}{n} \quad h=\frac{12\sigma_{od}^2}{n^2-1}$$

(2) 重要性分析。

域(domain)和中心性(centrality)提供对概念的重要性的衡量。域(domain)通过评估概念的效力(potency)来衡量重要性,比如直接连接的个数(包括出度和入度),它的原理是人们越多地谈论某一概念,其就越"繁忙",具有越高的复杂性,即出入度连接的和就越大。

需要注意的是,并不是所有的域(domain)得分最高的概念,其中心性(centrality)得分也最高,中心性(centrality)通过同时考虑直接和间接的连接数来衡量,作为域分析的补充,它表现的是概念的影响性程度。它通过衡量七个不同层次的连接数得到,其中

---

[1] Tsadiras, A. K., Kouskouvelis Ilias. Using Fuzzy Cognitive Maps as a Decision Support System for Political Decisions: The Case of Turkey's Integration into the European Union [A]. In Lecture notes in computer science [C], Springer Berlin/Heidelberg, 2005: 371-381.

[2] Selcuk Burak Hasiloglu. Evaluating Direct Marketing Practices on the Internet via the Fuzzy Cognitive Mapping Method [EB/OL]. [2010-2-2]. http://www.ccsenet.org/journal/index.php/ijbm/article/view/694/667.

由节点直接发出的想法属于第一级,依照所有在第一级的连接乘以系数1,在第二级的连接乘以系数1/2,在第三级的连接乘以系数1/3,直到第七级。通过测量出的概念的中心性结果,可作为标准来识别关键成功因素(CSF)。图6-3展示了计算中心性的一个简单的例子①:

对于图6-3右图的中心概念来说,第一级有3个连接,第二级有5个连接,则概念在第二级的中心性为:3×1+5×0.5=5.5。

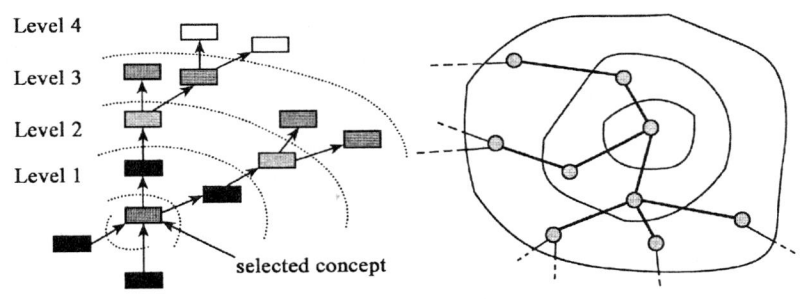

图6-3 计算概念中心性的简单示例

Freeman(1979)指出代表中心性概念的三种形式为程度中心性、中介中心性及接近中心性,而以上计算的中心性应当归属于程度中心性。

6.1.2.3 定性到定量分析的演进思路

我们可以看出,定性分析较多的是局部的视角,而定量分析更多采用整体视角,面对纷繁复杂的分析方法,作者希望厘清对于认知地图的从定性定量分析的演进变化的思路,总体而言,这种演进使得认知地图的分析参数变得具体化。

最基本的指标是计算使用的概念数量的连接的数量,这两者结合可形成密度:即概念数除以连接数。从头节点和尾节点也可以产

---

① Rodhain, F.. Tacit to Explicit: Transforming Knowledge through cognitive mapping-An Experiment [A]. SIGCPR '99 New Orleans, LA, USA, 1999: 51-56.

生指标，比如通过计算头节点的比例来衡量认知复杂性。

从认知地图的结构出发能够逻辑性地推导出更多新的指标。首先可以考虑的问题是路径，而指标可以设定为每个认知地图中某两个概念到达的最短路径或最长路径。直接路径很容易识别，间接的很难识别，并且间接的因果路径很多，可以通过加大因果强度，采用Zhang①等人的算法同时找到路径和值。另外，族群之间的相关性又可以进一步成为衡量不同问题的重要性的指标。

另外一个衡量认知地图的新指标是概念节点的中心性。Eden用中心性来表现概念在认知地图内的重要程度。为计算中心性，Eden忽略了连接的方向。对于每一个概念，采用到达其的不同长度的路径数除以相应的路径长度，之后求和得到中心性。注意，在任何两个概念之间，只有最短路径才能够参与计算。这种指标可以得到认知地图的平均中心性、最高中心性，最低中心性。综合起来，这些指标提供了对于每个认知地图的结构的一系列衡量方式②。

另外，各种复杂的定量化分析指标不断涌现，表现出认知地图的定量化分析方法的无限的可拓展性和综合性。

David, P. T. 和 Steven, D. S.③ 在文中也给出了认知地图的分析方法，包括分析认知地图的复杂度和同意度、Givens-Means-Ends分析、因果主题分析、认知中心度排序。Axelord建议使用图论中的路径分析来识别和分析因果路径。

---

① Zhang, W. R., Chen, S. S., Bezdek, J. C.. Pool: A Generic System for Cognitive Map Development and Decision Analysis [J]. Transactions on Systems, Man, and Cybernetics, 1989, 19 (1): 31-39.

② Goodhew, G. W., Cammock, P. A.. Managers' Cognitive Maps and Intra-organizational Performance Differences [J]. Journal of Managerial Psychology, 2005, 20 (2): 124-136.

③ David, P. T., Steven, D. S.. Group Cognitive Mapping: A Methodology and System for Capturing and Evaluating Managerial and Organizational Cognition [J]. Omega, 2003 (31): 113-125.

Kim Langfield-Smith 和 Andrew wirth① 在《认知地图不同的衡量方法》(Measuring Differences between Cognitive Maps) 一文中，提出了一些衡量方法以计算不同认知地图的差异性。

Bougon② 与 Ford、Hegarty③ 等人通过聚集认知地图比较了个人地图的差异性，并提供了分析平均因果图的方法，提出了分析认知地图的内容分析法，有矩阵距离、和计算最大距离度等。

Hart④ 计算出矩阵距离来衡量一对认知地图在目标结构的差异性。通过直接比较两个邻接矩阵的同一的位置单元，另一个衡量值是"位置距离"。Hart 分析因果认知地图使用了很多衡量方法，如概念的频率、路径平衡度、图形的一致度、循环周期率、图的密度和变量率。

Axelord 和 Eden 等考虑了各自的个人认知地图，并没有比较不同的个人地图的不同性和随着时间的变化而导致地图产生的变化。而 Jonathan H. K. 和 Dale, F. C.⑤ 在《在复杂问题中决策者的认知地图》(Cognitive Maps of Decision-makers in a Complex Game) 一文中，分析了认知地图大小，复杂程度上的不同，并且详细地解释了地图，通过对两个不同概念数的认知地图进行定量比较，计

---

① Kim Langfield-Smith, Andrew Wirth. Measuring Differences between Cognitive Maps [J]. Journal of the Operation Research Society, 1992, 43: 1135-1150.

② Bougon, M., Weick, K., Binkhorst, D.. Cognition in Organizations: An Analysis of the Utrecht jazz Orchestra [J]. Administrative Science Quarterly, 1977, 22: 606-639.

③ Ford, J. D., Hegarty, W.. Decision Maker's Beliefs about the Causes and Effects of Structure: An Exploratory Study [J]. Academy of Management Journal, 1984, 27 (2): 271-291.

④ Hart, J. A.. Comparative Cognition: Politics of International Control of the Oceans (A). In R. Axelrod (Ed.), The Structure of Decision: The Cognitive Maps of Political Elites. Princeton University Press, Princeton, 1976: 18-54.

⑤ Klein, J. H., Cooper, D. F.. Cognitive Maps of Decision-makers in a Complex Game [J]. Journal of the Operational Research Society, 1982, 33, (1): 63-71.

算目标增长率（Goal increasing score）、类型推断率等指标，表现了参与者对未来的信息和期望值，以及图形随着时间过程的变化。

6.2 针对局部的逻辑性分析方法——概念网络分析

事实上，认知地图本质上属于有向图，更可能是有向加权网络，而这种网络隶属于社会网络分析的范畴。为区别于本质上研究人与人之间交流关系的社会网络的意义，作者将对于研究概念与概念之间交流关系的有向网络的分析称为概念网络分析，即采用社会网络分析的方法来分析概念的网络。借由社会网络分析方法的丰富精义，这可作为对于认知地图分析体系的一项重大补充。下面仅介绍面向认知地图的结构特征的概念网络分析方法，而这些均可以由社会网络分析软件 Pajek 的分析功能来完成。

6.2.1 有凝聚力的子族群（cohesive subgroup）

网络图中的点之间经常会彼此紧密连接，彼此紧密连接的点称为有凝聚力的子族群（cohesive subgroup），同时也假设这些点之间的互动比较频繁，以下将介绍各种衡量凝聚力的指标，其中密度（density）确定为认知地图上实际的连接数目与最大可能连接数目的比例，不再详述，进一步将引入强组合（strong component）、弱组合（weak component）、K 核心（k-core）、群落（clique）、M 切层（m-slice）等指标[1]。

6.2.1.1 强组合（strong component）与弱组合（weak component）

强组合（strong component）为认知地图上的点之间彼此以强连接形成的紧密网络结构。要了解强组合必须先了解网络图上路径（path）以及强连接（strong connected）的概念。

---

[1] 范扬君. 经营模式阶次区块之分析［D］. 国立中央大学企业管理研究所硕士论文，June, 2007：48-50.

路径（path）为遵循连接指向从一个点到另一个点的一连串连接，在认知地图中是指前继概念驱动后续概念的因果驱动关系，且除了起点与终点可以是同一点之外，在路径之中不能经过同一个点两次。而强连接（strong connected）意指从 A 点至 B 点，其中可能经过许多的点，在遵循连接方向的情况下，A、B 两点之间均有路径相互到达，则 A、B 两点的连接称为强连接。所以在强组合的点，选定任一点遵循连接指向可以到达强组合内其他任一个点，意即强组合内的认知地图概念彼此之间都可以找到驱动概念。

相应地，弱组合（weak component）为认知地图上的点之间以弱连接形成的紧密网络结构，在弱组合的点，选定任一点不需遵循连接指向可以到达弱组合内其他任一个点，这里的不遵循连接指向指的是在认知地图中仅考虑前继概念驱动后续概念的连接关系，并不需要指明驱动方向①。

6.2.1.2 K 核心（k-core）

K 核心即依照认知地图概念与其他概念连接的广度（直接连接数）来分级，以筛选出凝聚力高的概念。若 K 核心的筛选条件为广度至少为 5，则 k=5，就称为 5-core。再辅以强组合或者弱组合的概念，从 5-core 的概念中找出具有高度凝聚力的概念②。

在认知地图中也可用驱动关系或被驱动关系作为筛选条件，前者可以以出度（out degree）作为指标，以及后者可以用入度（in degree）作为指标，分别筛选出驱动概念和被驱动概念。

6.2.1.3 群落（clique）

为在认知地图中找出联系紧密具有交互驱动关系的概念模块，可以从网络图中的结构特征"群落"着手分析。群落内必须包含三个以上的点，并且每个点与群落内其他点互有直接连接，所以群

---

① Nooy, et al. *Exploratory Social Network Analysis with Pajek* [M]. Cambridge U. Press, 2005: 66-70.

② Nooy, et al. *Exploratory Social Network Analysis with Pajek* [M]. Cambridge U. Press, 2005: 70-72.

落的凝聚力甚至比强组合的凝聚力还强①。

6.2.1.4 M切层（m-slice）

在认知地图中，有些概念间互动内容较为丰富，有些概念间互动内容较为单薄，因此，为了区分出互动多元性高的主要概念模块，可以用 m-slice 来加以判别。m-slice 意指一种最大的子网络（maximal sub-network），其网络内每对概念间的驱动关系强度值（即为权重）至少大于 m。用这种方法可依照个别概念与其他概念连接的强度来分级，并找出具有一定强度以上的子族群②，再辅以强组合或者弱组合的概念，找出具有高度凝聚力的概念。

6.2.2 自我网络（ego-networks）与限制力（constraint）

在认知地图中，常常在两个概念或两个群组之间，靠一个概念来产生双方的影响，此时这个重要概念被称为中介概念，包括结构洞（structure hole）、限制力（constraint）等，用于说明网络关系对于因果关系传递的影响③。

区别于社会中心方法（socio centered approach），以下将分析的焦点放在网络中的特定概念和中介概念上，称之为自我中心方法（ego-centered approach）。

在认知地图中，如果概念 B 与 C 都和 A 有联系，如果 B 和 C 之间缺少更直接的连接，而必须通过 A 才能形成联系，那么 A 就在它的概念网络中占据了一个结构洞。显然，概念网络中的结构洞越多，A 在网络中的地位就越重要。结构洞往往在弱连接之间更容易形成。

在认知地图中，有些概念间的连线重要性较高，有些连线则因为有替代路径的关系，所以变得较不重要，而为了找出这些不重要

---

① Nooy, et al. *Exploratory Social Network Analysis with Pajek* [M]. Cambridge U. Press, 2005: 73-74.

② Nooy, et al. *Exploratory Social Network Analysis with Pajek* [M]. Cambridge U. Press, 2005: 109.

③ 李兴益. 经营模式元件角色之分析 [D]. 国立中央大学企业管理研究所硕士论文，July, 2007: 53-55.

6 隐性知识的再表达与再共享——基于认知地图的分析维度

的路径，可以用限制力加以判别。

如图 6-4 所示，A 对 D 的限制力的算法为：（1）先算出每条线的重要性比例（此线值除以此点出发的所有线的总值）。例如，A 点分别指向 B、C、D、E，而这四条线的重要性相等，所以每条线的重要性比例为 0.25。（2）分别计算所有 A 影响 D 路径的重要性比例乘积。例如，A 可以透过 C 影响 D，所以其重要性比例的乘积为 0.25×0.33，同理，A 可以透过 E 影响 D，其重要性比例的乘积为 0.25×0.33，而 A 也可以直接影响 D，其重要性比例的乘积为 0.25。（3）将各条路径的重要性比例乘积相加后再平方，得出最终的限制力。例如，0.25+0.25×0.33+0.25×0.33=0.415，0.415×0.415=0.174，而这就是 A 对 D 的限制力。

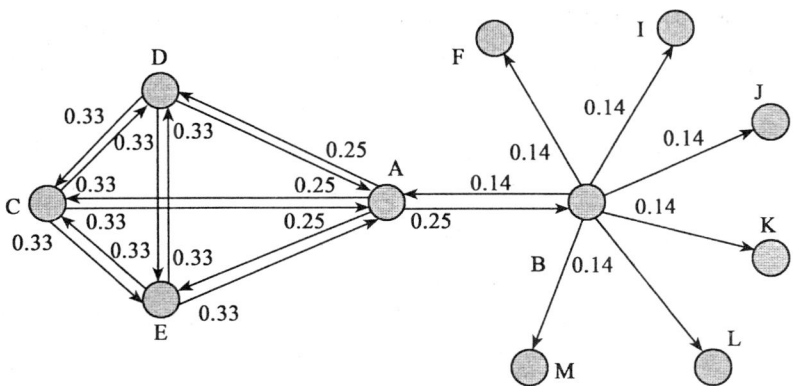

图 6-4 限制力（constraint）的计算示例①

我们从社会关系网络的定义中发现，限制力指的是一个中心点与任一邻近点之间，必须被迫去维持住的连接关系。当该中心点对某邻近点有较高的限制力时，表示中心点和该邻近点有很多的替代路径，维持中心点和邻近点的直接连线将变得非常重要。但是此指

---

① Nooy, et al. *Exploratory Social Network Analysis with Pajek* [M]. Cambridge U. Press, 2005: 147.

标有例外的状况,就是当概念为独立点的话,其限制力会为 1。

而限制力在认知地图中的延伸意义,则和社会关系网络中的意义相反,它表示如果某两概念之间连线的限制力越大,此连线的重要性就越低,两点间除直接连线之外,还有许多的替代路径。此外,延伸出有节点的成对关系限制力(dyadic constraint)、节点的总和限制力(aggregation constraint)等指标,均反映了指定概念的信息负荷①。

6.2.3 分级(ranking)

当认知地图形成之后,可以借由三角分析来找出整个认知地图的结构,以分析组织的因果层次、目标层级以及步骤。

当了解认知地图的整体架构之后,可以了解 A、B、C、D 四个概念之间的脉络关系,如图 6-5 所示。以社会网络的观点,A 点指向 B 点,可以视为 A 服从 B,亦即 B 的阶层比 A 高,若 A、B 两点互指,则两点视为同阶层。所以图 6-5 中,A 的阶层最低,B、C 为同阶层,D 阶层最高。但由认知地图的观点,B、C、D 皆为 A 的"果",意即 B、C、D 必须借由 A 来驱动,所以 B、C、D 为第一层的"果";又因 D 是 B 的"果",称为第二层的"果"。另外,也可以将 A、B、C、D 四个概念关系以目标层级来看,可以将最底层的概念 A 视为需具备的前提条件,而中间阶层的 B、C 概念视为透过底层概念 A 来达成的中层目标。当达成中层目标之后,最后的 D 为最终达成的目标,可利用的概念除 A 之外还有 B、C。或者,将 D 视为有比较多的步骤,意即对于该企业而言要产生 D 概念,必须具有操作 B 概念的能力,如此方能驱动出 D 概念。

如果网络图中具有明显的阶层存在,则低阶层的点会全部指向高阶级的点,而不会有高阶层的点指向低阶层的点,这样的网络图称为非循环网络图(acyclic network)。所以可以借由非循环结构的连接来为点分级,并且将网络图中循环结构的点视为同一

---

① Nooy, et al. *Exploratory Social Network Analysis with Pajek* [M]. Cambridge U. Press, 2005:259-260.

6 隐性知识的再表达与再共享——基于认知地图的分析维度

阶层。

可以采用强组合的方式来发现循环结构的点，借由强组合之间的桥接分辨出两组合之间的阶层①。由于采用强组合找出同阶层的概念，所以代表强组合内的概念已被整合②。因此，在相同大小的认知地图中，强组合越少代表认知地图设计构想的统整度越高，也代表着认知地图中强组合之间的桥接（意即不对称连接）越少，所以分级会越少。

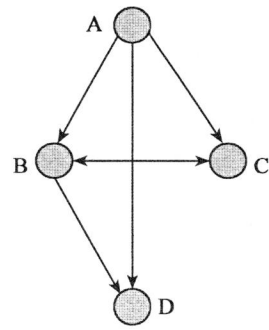

图 6-5　认知地图的分级示例③

6.2.4 区块模型（block model）

在认知地图中，位置越相似的概念扮演的角色功能越相近，也因为这些概念的位置相似，所以可以保留一个结构相等的概念以简化企业的认知地图，而社会网络图中的结构对等可以帮助本研究发现在认知地图上结构对等的概念。

---

① Nooy, et al. *Exploratory Social Network Analysis with Pajek* [M]. Cambridge U. Press, 2005：209.

② Cossette, P.. Analysing the Thinking of FW Taylor Using Cognitive Mapping [J]. Management Decision, 2002, 40（2）：168-182.

③ Nooy, et al.. *Exploratory Social Network Analysis with Pajek* [M]. Cambridge U. Press, 2005：204-211.

此外，因为大多数社会网络的分析方法都非常敏感，然而实证资料却很少是完美与正确无误的，故研究者在检验社会网络的结构特征时，需要可容许例外与错误的工具，而区块模型正是社会网络分析中较为弹性的方法，又可作为阶层分群的工具之一。

利用矩阵来呈现与计算小型的社会网络时，是很有效率的，并可以将稠密的网络予以视觉化。在矩阵中，在列上的概念定义为"因"，在行上的概念定义为"果"。如图6-6所示，在列上的概念A，分别影响了概念B、概念C、概念D、概念E。

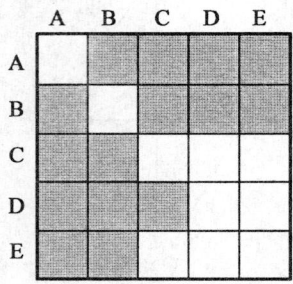

图6-6 认知地图概念关系的矩阵图表示①

在区块模型中，网络可以简化成几个区块间的连接关系，它不仅说明了同一区块内概念的连接关系，也同时指出区块间的连接关系。通过将网络中的概念依照其连线的相似程度加以分群，亦即连接关系最为近似的概念放进同一群内，形成一个区块。如图6-6所示，概念A与B都有影响概念C、D、E，同时也被概念C、D、E所影响，而概念C、D、E都有影响概念A、B，同时也被概念A、B所影响，所以概念A、B属于同一区块，概念C、D、E属于另一区块。

区块分析是一种使用矩阵作为计算工具，并将结果以视觉化的图案来表达的方法。在使用的过程中，研究者必须先建立一个预设

---

① Nooy, et al. *Exploratory Social Network Analysis with Pajek* [M]. Cambridge U. Press, 2005：265.

6　隐性知识的再表达与再共享——基于认知地图的分析维度

区块模型的区块关系矩阵表,然后Pajek的区块分析就会根据预设的关系矩阵表将概念做最适化分群,使其错误值降至最低①。

6.3　针对整体的计算性分析方法——ANP法和仿真方法

如果说概念网络分析根植于局部的概念,是一个静态的面向内容的视角,则ANP法和仿真方法是放眼全局,面向结构甚至于系统行为的,是一个动态的视角。其中ANP法把握了认知地图作为非线性网络的特点,仿真方法则补足了认知地图对于时间行为缺乏检视的缺陷。

6.3.1　ANP法

人类的思维图式是网状的,认知地图的主体框架也采用了网状结构。这种网状结构使该模型的环境适应性较强,能够把内外部环境的各种影响因素都考虑进来,有利于复杂问题的系统思考和寻求解决策略②,而FCM的重要特点就在于它的动态反馈回路。

网络分析法(Analytical Network Process,ANP)将问题分解成许多不同类别的群组,各个群组中包含许多元素,群组与元素彼此相关,使用图形方式分析构成群组(clusters)与元素(element)间的关系与交互影响,形成彼此相关的网状图。而常规的层次分析法(AHP)将系统划分为层次,只考虑上一层元素对下一层元素的支配和影响,是简单的递阶层次结构。可以认为传统的AHP法只是ANP法的特例③。

---

①　Nooy, et al. *Exploratory Social Network Analysis with Pajek* [M]. Cambridge U. Press, 2005:259-260.

②　马捷,靖继鹏. 知识转化模型分析与评价 [J]. 情报科学, 2006, 24(3):359.

③　钱政. 基于ANP方法的物流网络绩效评价模型 [J]. 中国集体经济, 2008(9):37-38.

P. Suwignjo、U. S. Bititci、A. S. Carrie①（SBC）在战略制造研究中描述了定量绩效测量系统模型（Quantitative Models for Performance Measurement Systems，QMPMS）的原理，即将认知地图视为绩效影响因素之间的直接影响、间接影响和自作用影响的集合，而后使用因果图（鱼骨图）将所有影响因素予以层次化排列，继而用AHP法即两两比较的调查问卷形式将因素之间的相关影响定量化。

重要的是，作者创造性地提出了组合影响（combined effect），即同时存在直接与间接影响的两因素之间的影响程度的计算方式。最后，为将因素分级，对上述定量化的影响值进行帕累托分析，得到"关键"、"一般"、"次要"三个级别。从中可以看出AHP法是一种定量化衡量影响程度的方法，当然这建立在可以将因素层次化排列的基础上，在计算组合影响时也采用了简单的线性递归方法将间接影响转化为直接影响。

而Joseph Sarkis②在后续研究中提出了对SBC三人的模型的改进方法，其突破是采用了ANP法计算因素之间的间接影响，即将间接影响置于超矩阵（super matrix）之间，而超矩阵内部均为直接影响的因素，超矩阵的直接影响和自身影响系数的确定则由实际决定，但保证两系数之和为1。最终的极限矩阵即权重结果的获得则是通过变换公式 $W_f = (I-W)^{-1}$（Satty，1996）③得到。通过与层次分析法（AHP）的比较表明，ANP法得出的指标权重趋向均衡化，增加了指标权重的可行性和合理性。

作者认为认知地图与ANP法之间存在形式上的相似性，用ANP法可以展开对于认知地图权值的微观分析。事实上，ANP法

---

① Suwignjo, P., Bititci. U. S., Carrie, A. S.. Quantitative Models for Performance Measurement System [J]. International Journal of Production Economics, 2000, 64: 231-241.

② Joseph Sarkis. Quantitative Models for Performance Measurement Systems-alternate Considerations [J]. International Journal of Production Economics, 2003, 86: 81-90.

③ Saaty, T.. *Decision Making with Dependence and Feedback: The Analytic Network Process* [M]. RWS Publications, Pittsburgh, PA, 1996: 78.

6 隐性知识的再表达与再共享——基于认知地图的分析维度

要考虑内部循环相互支配的层次关系，现实中因素间往往存在较复杂的依赖关系和反馈关系，采用 ANP 法得到的结果就会跟实际认知模型更吻合，下面将详细分析。

为什么 ANP 会替代 AHP？因为独立性的假设与过度简化的层级可能误解问题；现实情况中有许多决策问题无法以结构化的阶层方式表示，因为它们的上下层级间存在相依或回馈的关系，不是由上往下的线性关系，而比较类似于网络。ANP 的典型结构如图 6-7 所示：

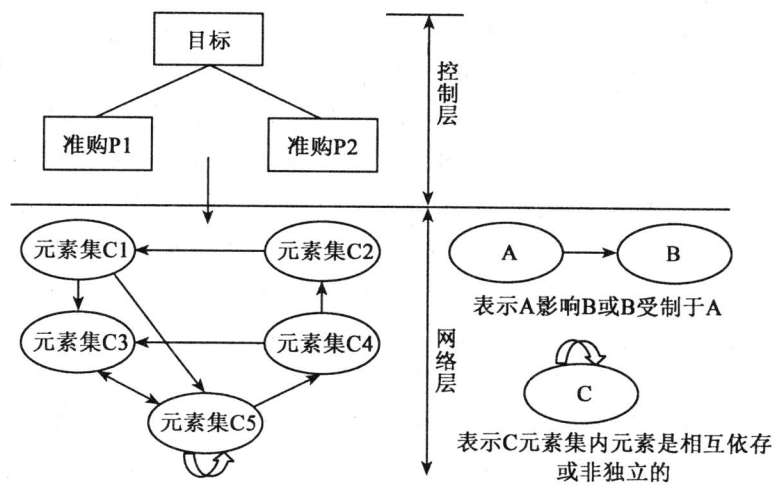

图 6-7　ANP 的典型结构①

可以看出，所谓 ANP 的网络是由成分（元素集）以及连接成分之间的影响组成，成分又由组成成分的元素组成，元素之间也可以存在相互影响，一个成分的元素可以与另外一个成分的元素之间发生相互影响关系，各种相互影响关系均用"→"来表示，而"A→B"表示成分（或者元素）A 受成分（或者元素）B 的影响，或者成分（或者元素）B 影响成分（或者元素）A。其中成分本身

---

①　赵国杰，邢小强. ANP 法评价区域科技实力的理论与实证分析 [J]. 系统工程理论与实践，2004.

对自己的影响关系称为反馈关系。ANP中的网络结构用两种形式来表示，一种是图形形式，一种是矩阵形式。图形形式定性地表示组成网络的各个成分之间的相互影响关系以及反馈关系，而矩阵形式定量地表示相互影响或者反馈的程度或者大小[①]。

综上，作者归纳出ANP法和FCM方法的相同点：

（1）ANP和FCM都是软运筹学方法，均结合定量和定性方法进行决策，均可以通过人们非结构化的数据得到结果。ANP是一种通过它的结构来帮助多方获得一个可以满意的决策结果的技术，如果合理地执行，可以被用来作为一个一致性建构的工具。FCM同样可以收集很多人的思想去构建地图，例如，Annibal[②]等人建立一种新的方法可以构建协作因果图收集不同人的观点。

（2）ANP和FCM都帮助提升理解模型（管理理解和模型技术）的透明度，人们在思考选择概念和概念之间的关系时，都可以通过网状形式进行表达，一些人还说，ANP建模过程代替了固定的网络关系所表示的层次标准，关系还涵盖了元素和聚类的类别之间，所以问题的表达与现实生活更加贴近。

（3）ANP和FCM都是使用事实构建层次，层次构建对于构建实际中的很多复杂系统是很普遍的方法，是一个对于复杂问题的自然的问题解决范式。研究发现，ANP法中元素之间有线性关系，且允许元素之间有交互关系。同时，为构建一个问题，FCM中的想法概念均是层次上的结构，如目标、关键成功因子、行为。

但是，我们应当看到，ANP方法与认知地图方法尤其是FCM方法存在一定的区别：

（1）在矩阵中的赋值上，ANP都是列向量权值相加为1，权重为正数，层次关系明显，FCM列向量的赋值不一定加起来为1，权

---

① 唐小丽，冯俊文. ANP原理及其运用展望[J]. 统计与决策，2006，（12）：138.

② Scavarda, A., Chameeva, T., Goldstein, S., et al. Methodology for Constructing Collective Causal Maps [J]. Decision Sciences, 2006, 37（2）: 263-283.

重有正负，没有那么明显的层次关系；同时，不像 ANP，FCM 的矩阵中，对角线向量也不为零。

（2）在 ANP 法中，判断抽取完全采用分解方法，可以减少决策错误，但是很多人抱怨在构建 FCM 过程中没有一个科学的方法去选择概念，FCM 方法依靠初始矩阵得到最终权重结果，错误的初始矩阵或专家错误的评判方法都会导致算法的错误。

（3）ANP 和 FCM 有不同算法，ANP 明显的特点是使用超矩阵，但是 FCM 方法需要初始加权矩阵和使用人工智能网络算法。

作者认为，ANP 法以两个实体之间存在相互作用的双向关联为前提，因而更能准确描述复杂的实体关系，在具有非线性网络关系的决策问题中，具有较高的应用价值①。ANP 法给出了认知地图的权重获取方法以及对于权重的运算分析方法上的双重借鉴。

由于网络结构模型要远比层次结构模型复杂，因此在权重合成方面，ANP 法应用到了更加高深的数学知识，其中比较重要的概念是超矩阵的应用和分析。ANP 法复杂的计算过程可以通过 ANP 的专门计算机软件 Super Decisions 实现，得到各个指标的权重。

6.3.2 仿真方法

6.3.2.1 对一般认知地图的抽象模拟

书中前面章节已经论及，认知地图与系统动力学具有微妙的关系，在系统动力学学科看来，认知地图是用于系统认知和系统建模的桥梁。系统动力学是一个定量方法，而认知地图是一个定性兼定量的方法。在系统动力学中，相互的影响关系用数学定量函数表达，同时影响的时间维度会被指出。

认知地图在理解行为含义方面存在根本的缺陷，即使是模糊认知图在模拟上也有限制。当需要研究系统行为而不是其结构时，需要对认知地图进行仿真（仿真即模拟，下文中作者将不作区别）。Dong-Hwan Kim Chung 提出了"抽象模拟"（abstract simulation）的

---

① Saaty, T.. *Decision Making with Dependence and Feedback: The Analytic Network Process* [M]. RWS Publications, Pittsburgh, PA, 1996: 89.

概念，用于认知地图的仿真，即在不破坏它的前提下知悉其动态行为。基于基本关系的标准归一化模型（Normal Unit Modeling By Elementary Relationships，NUMBER）就是抽象模拟的一种方法①。

仿真不仅仅只是定量的、具体的、可运作的模型，图6-8以两个维度显示了多种不同的仿真方式，分别是定量/定性维度和参量导向/结构导向维度。

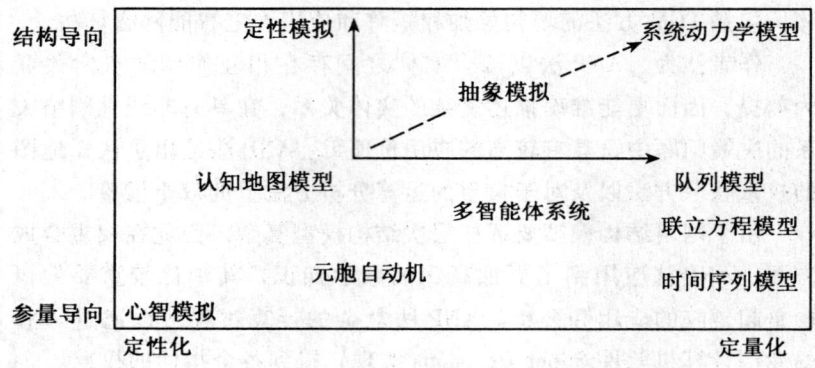

图6-8 仿真的多种方式以及抽象模拟②

为从认知地图得到系统动力学模型，必须添加一些可操作的结构和很多量化指标，但是为仿真而不断添加的数据和不断完善的地图反而模糊了原有的认知，而利用抽象模拟可以模拟认知地图的动态演化，减少失真。

抽象模拟是对建立在抽象化或概念化的变量及其因果联系的基础上的模型的模拟。抽象模拟有三个基本特点：（1）维持因果关系图的原始特性；（2）维持认知图的纯度；（3）提高系统科学家

---

① Dong-Hwan Kim Chung. A Method for Direct Conversion of Causal Maps into SD Models：Abstract Simulation with NUMBER [EB/OL]. [2010-2-4]. http://www.systemdynamics.org/conferences/2000/PDFs/kim267p.pdf.

② 翻译自 A Method for Direct Conversion of Causal Maps into SD Models：Abstract Simulation with NUMBER.

6 隐性知识的再表达与再共享——基于认知地图的分析维度

的诚信度。

抽象模拟提供了一个环境，以便无须额外的结构和参量数据就可以模拟认知地图，但抽象模拟环境提供了对结构和参量的额外的假设。例如，NUMBER 方法有两个假设需要遵守：（1）单个变量需要限制在 0~1 之间；（2）基准变量的基本关系应该能够自动将基准变量控制在界限之内。

NUMBER 的三个步骤简介如下：（1）根据变量在途中的角色选择几个变量作为基准变量；（2）其他变量做归一化处理，使得它们都处在 0~1 之间；（3）根据基本关系链接各变量（这些基本关系是用来约束变量使它们处于 0~1 之间）。在实际系统中，选定基准变量之后，将时间行为加入原始系统，并应用 NUMBER，就得到 SD 模型结果。

为什么要强调对于时间行为的模拟？这可以用 Gleen（2003）提出的趋势动态轮（又称冲击轮）来回答（如图 6-9）。将问题更清楚地与时间联系起来，可以有助于理解问题的根源以及知晓为了解决问题所采取的行动。目前的事件或趋势通常有过去的某个事件作为它的起源，而它和它产生的冲击轮将会导致未来某个事件的发生，同样，未来发生的事件也会有相似的影响①。

6.3.2.2 对模糊认知地图的仿真分析

对于 FCM 的仿真分析意在从权值出发，展开对于认知地图的动态特性的研究。例如，Tsadiras, A. K.② 等人提出基于 CNFCM 算法的动态行为模型，该模型采用概率神经模糊认知地图算法（Certainty Neuron Fuzzy Cognitive Maps，CNFCM），对"土耳其融入欧盟"的案例进行了模拟。当嵌入 CNFCM 的仿真算法程序后，各种场景均可以被强加上去，由初始状态动态模拟其变化趋势直至稳

---

① 杰夫·科伊尔著，常东亮，王春利译. 战略实务：结构化的工具与技巧 [M]. 北京：中国人民大学出版社，2005：25-26.
② Tsadiras, A. K., Kouskouvelis Ilias. Using Fuzzy Cognitive Maps as a Decision Support System for Political Decisions: The Case of Turkey's Integration into the European Union [A]. In Lecture Notes in Computer Science [C], Springer Berlin/Heidelberg, 2005: 371-381.

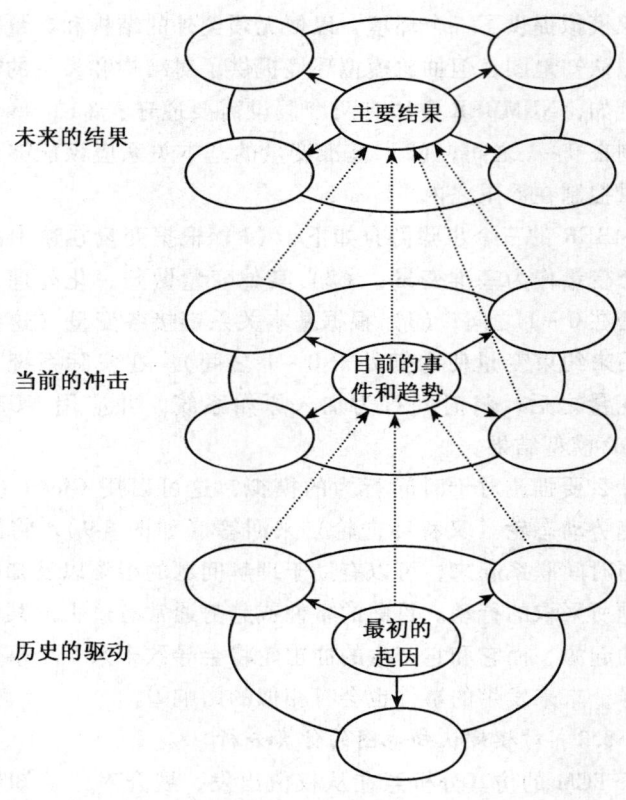

图 6-9 趋势动态轮

定状态。"What-If"场景测试可以用来显示这种动态分析方法的决策能力。

  FCM 是一种优秀的人工智能方法,结合了人工神经网络理论和模糊逻辑理论,通过 FCM 可以将因素对于整个系统的影响过程清晰地模拟出来,很适合于应用在对于复杂系统的仿真研究中①。

---

① Tsadiras, A. K.. Using Fuzzy Cognitive Maps for E-commerce Strategic Planning [EB/OL]. [2010-2-3]. http://delab.csd.auth.gr/bci1/Panhellenic/142tsadiras.pdf.

6 隐性知识的再表达与再共享——基于认知地图的分析维度

一方面，FCM 可以对仿真模型进行基于时间序列的动态分析，观察概念节点随迭代次数的变化而变化；另一方面，FCM 可以针对仿真模型中概念节点间的复杂关系，测试部分节点保持不变而部分节点发生变化时对整体系统的影响情况，称为敏感性分析（Sensitivity Analysis）①。FCM 中每一个节点的物理意义明确，推理的最终模式（Hidden Pattern）很容易"翻译"成社会语言②。

在一般意义上，对于 FCM 的仿真分析意指 FCM 的推理和学习，其推理模型③④如下：给定一个包含 n 个节点的 FCM 模型，得到一个 1 个 $1 \times n$ 的状态矩阵 C 和一个 $n \times n$ 的关系权值矩阵 W：

$$c = [c_1, c_2, c_3, \cdots, c_n]$$

$$W = \begin{bmatrix} w_{11} & w_{12} & \cdots & w_{1n} \\ w_{21} & w_{22} & \cdots & w_{2n} \\ \vdots & \vdots & & \vdots \\ w_{n1} & w_{n2} & \cdots & w_{nn} \end{bmatrix}$$

式中：$c_1, c_2, c_3, \cdots, c_n$ 是 n 个节点的状态值，w_{ij} 是节点 i 到节点 j 的关系权值。考虑所有的节点，给出 FCM 的状态转换函数：

$$Y = C \times W$$

由此可得到每个节点的状态输出：

$$y_j = \sum_{i=1}^{n} C_i W_{ij}, \ j = 1, 2, \cdots, n$$

y_j 是所有前向节点基于关系权值对节点 j 的状态 c_j 的作用和。

---

① 丁晶. 供应链物流能力的体系构建与评价系统研究 [D]. 南京航空航天大学硕士学位论文，2007：58.

② 李实，苗原，刘志强，孙增圻. 模糊认知图及其应用 [A]. 1999 年中国智能自动化学术会议论文集（下册）[C]. 1999 年.

③ 翟东升，张娟，周娟. 综合模糊认知图与 BP 神经网络的建模方法新探 [J]. 统计与决策，2008，(4)：147-148.

④ 王玉洁，王志良，王国江，陈锋军. 基于模糊认知图的情感 Agent 模型研究 [J]. 计算机工程与应用，2007，43 (17)：3.

定义节点的状态输出函数 f_j 得到节点 j 的新状态，FCM 的每一次状态转换都可以看作一步推理，而每步推理都由矩阵运算和状态输出函数实现。

模糊认知图的推理过程可以表示为：

$$A_i^{(k+1)} = f\left(A_i^{(k)} + \sum_{\substack{j \neq i \\ j=1}}^{n} A_j^{(k)} \cdot W_{ji}\right)$$

其中是 $A_i^{(k+1)}$ 概念节点 C_i 在第 $k+1$ 次迭代时的状态值；$A_i^{(k)}$ 是概念节点 C_i 在第 k 次迭代时的状态值；W_{ji} 是概念节点 C_j 与概念节点 C_i 之间的因果连接权值；f 是 S 型的阈值函数，该函数的使用是为了保证概念节点的状态值位于规定区间内。

迭代是随着时间增加，FCM 模拟的系统中各因素相互作用的影响扩散过程①。根据模糊认知地图（FCM）理论，当模型中的指标值发生变动，系统会将这种变动通过节点之间的影响关系在网络上传播，经过一定的迭代次数，如果概念节点的状态值达到以下三种状态之一：(1) 状态值稳定在一个固定的数值上，称为不动点；(2) 状态值的变化呈现周期性，称为有限环（limit cycle）；(3) 呈现出混沌状态，即状态值是不确定的、随机的，则认为系统已达到一种稳定状态，结束迭代。由于系统的每一次迭代结果都反映了系统在当前的状态，管理者可以通过定性分析如试错、控制变量等来测试系统并且认识系统的动态特性②。

FCM 中有不同的转换函数（transformation functions），它的作用是使迭代后向量的每一个节点值都收敛在某一固定的区间上，而这个区间可以是 [0, 1]，也可以是 [-1, 1]，即这时节点的值始终在 -1 到 1 之间。转换函数可以按照离散、线性和非线性分为三种类型，下面介绍两种常用函数。

(1) 线性 Trivalent 函数：

---

① 丁晶. 供应链物流能力的体系构建与评价系统研究 [D]. 南京航空航天大学硕士学位论文，2007：64.

② 汪成亮，李云峰. 模糊认知图在物流中心选址中的应用 [J]. 计算机工程与应用，2006，42 (13)：195.

6 隐性知识的再表达与再共享——基于认知地图的分析维度

$$d_i^{[t+1]} = \begin{cases} -1; & d_i^{[t]} < 0 \\ 0; & d_i^{[t]} = 0 \\ 1; & d_i^{[t]} > 0 \end{cases}$$

根据线性 Trivalent 函数，节点取值为 {-1，0，1}，1 代表节点扰动为增量，-1 代表节点扰动为减量，0 代表节点没有扰动。

（2）非线性的 Sigmoid 函数（双弯曲函数）：

$$\Psi(x) = 1/(1 + e^{-\lambda x})$$

其中 λ 是决定 FCM 模糊度的一个参数，当 λ 的取值较小时，$\psi(x)$ 接近线性函数；当 λ 的取值较大时，$\psi(x)$ 接近离散函数；以往研究认为，$\lambda = 5$ 能够在区间 [-1，1] 内实现较好的模糊度，所以本书所采用的非线性 Sigmoid 函数是：

$$\Psi(x) = 1/(1 + e^{-5x})$$

输入节点的值通过与其他节点正向或负向的连接，以加权方式将变量的扰动在认知地图上传递，当系统的迭代达到 $D^{(t+1)} = D^{(t)}$ 的状态（其中 t 为一正整数）时，称达到 FCM 的均衡状态（Equilibrium）；如果 $D^{(t+T)} = D^{(t)}$，则认为 FCM 落入周期为 T 的极限环，这也是一种均衡状态。

这时的 $D^{(t)}$ 就是 FCM 的隐含模式（Hidden Pattern），由于 FCM 可以定性推理，对于定性指标，应通过预置的定性/定量转化表将最终向量中各个节点的输出数值转换成相应的定性描述，从而获得复杂动态系统当前的状态评价。

基于非线性的转换函数的复杂非线性 FCM 仿真①是现有的主流方法，简介如下：

（1）专家知识的合并。

由于群体决策的盛行，在实际的决策制定过程中，常常会涉及多个领域专家知识（expert knowledge）的合并问题。通过模糊推理

---

① 陈娟娟. 电子商务环境下供应链绩效评价体系设计与仿真研究 [D]. 重庆大学硕士学位论文，2005：35-44.

规则，FCM 可以结构化地实现这一问题，它使表达各个专家知识的模糊认知地图可以通过权值系数的设定来合并或扩展多个专家的知识系统。

通常，FCM 中专家知识的合并规则如下：
$$F^G = 1/n\ (w_1F_1 + w_2F_2 + \cdots + w_nF_n)$$

其中，F^G 是 k 个专家知识合并后的直接影响矩阵，W 是各个专家知识的信度，满足 $W_1 + W_2 + \cdots + W_n = 1$。

（2）FCM 模型的算例。

假设专家 A、B 分别给出了不同的模型数值即模型中直接影响矩阵的各个因果关系权值系数，FCM 可以提供群体决策支持系统（Group Decision Support System，GDSS）的功能，即通过综合不同专家的知识来实施合理的决策。实施方法如下：

假设专家 A、B 的信度相同，由 FCM_1 和 FCM_2 指标之间的因果影响权重，经过 FCM 合并规则得到群体 FCM 的直接影响矩阵 F_G。

在实际运用过程中，模糊认知地图的定性推理过程存在两个缺点：一是强烈地依赖专家意见，二是系统最终可能收敛到期望外的状态即混沌状态。为了克服上述问题，需要对 FCM 模型进行进一步的学习。

因为模糊认知图的结构类似于带反馈的神经网络，故而 FCM 的学习算法大多是基于神经网络的训练算法思想，其中的概念节点对应于神经网络中的神经元，因果关系对应于神经元之间的权重连接。因此，目前存在的主要算法有 Aguilar, J.（2002）提出的适应性随机训练算法，该算法以随机神经网络理论为基础；Papageorgiou, E. I., Stylios, C. D., Groumpos, P. P.（2003）提出的基于非线性 Hebbian 规则的学习算法（Non-linear Hebbian Learning, NHL）；Papageorgiou, E. I., Stylios, C. D., Groumpos, P. P.（2004）提出的两阶段学习算法（Active Hebbian Learning, AHL）等①。

---

① 翟东升，张娟. 模糊认知图在上市公司信用风险评价中的应用[J]. 统计与决策，2008（2）：161-162.

其中,AHL 算法引入了活动概念的次序,在每一个 FCM 的活动步骤中,一个或多个概念变成了被激活的概念,触发了其他相关有联系的概念,当所有的概念都被激活后,模拟循环即完成,直到系统趋向达到一个平衡范围值才会开始新的循环。一个活动循环包括很多步骤,每一个循环步骤中,一个或多个活动概念影响着相互联系的概念直到活动次序在完成循环过程中终止。NHL 算法的前提是所有的 FCM 中的概念是在每一个循环步骤中同步触发以及同步地变换它们的值的。在触发的过程中,所有的概念间的因果权重都直接更新并且被改过的权重是由 K 次循环步骤而得到的①。AHL 算法与 NHL 算法的主要区别如表 6-2 所示:

表 6-2　　AHL 算法与 NHL 算法的主要区别

	AHL	NHL
1	活动概念的次序是异步的	对所有概念的触发和作用都是同步的
2	权重的更新是异步的	权重的更新模式是同步的
3	所有的权重都进行更新的	只有初始权重为非零的数是更新的
4	FCM 中的概念间可以产生新的因果关系	概念之间没有新的因果关系
5	引入了活动循环包含活动步骤	没有循环,只有一个步骤
6	基于限制概念的两个准则功能	对于算法有两个终止条件
7	学习参数 η、γ 呈指数衰减状态	学习率参数 η 是一个很小的正数,在测试和问题实验之后决定并且要达到最后解决方案的最优化

总之,学习的目的是为了得到合理的权值矩阵,增强模糊认知地图的有效性和稳健性,使模型的最终状态收敛到期望的稳定状

---

① Papageorgiou, E. I., Stylios, C. D., Groumpos, P. P.. Unsupervised Learning Techniques for Fine-tuning Fuzzy Cognitive Map Causal Links [J]. International Journal of Human-Computer Studies, 2006, 64: 727-743.

态，以更加符合决策的目的与实际情况。

如果某些节点对于决策起关键作用，管理者可以通过 FCM 定性推理并观察其他节点对于这些关键节点的影响过程来获得更全面的动态决策信息，以支持"What-If"决策分析。同样，通过 FCM 基于时间的动态迭代，可以平缓描绘出或定格各因素之间的扩散演变过程和最终影响结果，帮助企业管理者根据系统当前的状态对系统未来的状态进行预测分析，这种全面的历时的动态决策具有管理上的重要实践意义。

7 实证研究：企业直觉决策情境下的认知地图管理方案构建

彭罗斯（Penrose）把企业的本质理解为，在知识积累过程中不断扩展其生产领域的机制，即"企业是知识创新体"。他指出，企业新知识的积累，就是以某种特定方式，把关联的、正式的知识转化为非正式、程序化的富有针对性的隐性知识的过程。并通过这个过程，形成程序化的决策机制。

维娜·艾利说，知识管理能帮助人们获得知识的来源，以及对拥有的知识进行反思，帮助和发展支持人们进行交流的技术和企业内部结构，促进组织成员之间的知识交流。在大量的实践操作中，人们总结出知识管理最主要的效益在于协助员工快速表达意见，促进内部决策的进行，如图7-1所示。

作者致力于将认知地图作为一套体系化的工具与流程，引入企业隐性知识管理，提出一项符合中国知识管理模式的具有针对性的隐性知识管理方案。为完成上述案例，应该具备以下几个步骤和条件：

（1）明确研究对象，即基于认知地图的隐性知识管理方案的植入企业；

（2）引入认知地图方法，包括隐性知识的表达与共享的流程与方法的实践，制定相应的隐性知识管理方案；

（3）对于上述实践的评价与总结，提出认知地图方法的实际应用的建议及展望。

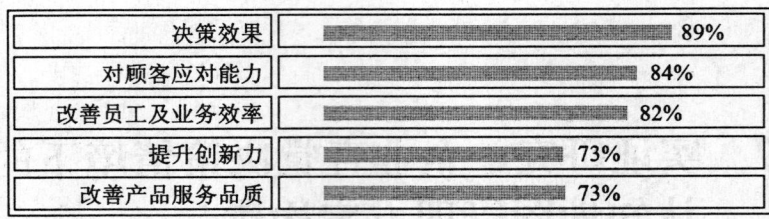

图 7-1　知识管理主要效益①

7.1　引入研究对象

7.1.1　研究情境设定

美国在线时代华纳公司（AOL Times Warner）前 CEO 凯斯曾说："有时候，我觉得自己像在开赛车，没有路标指引方向是所面临的最大挑战。事实上，还没有人决定应该开在路的哪一边。"这番话贴切地描述了信息不确定干扰着决策的制定。

事实上，管理者所面临的问题往往是全新的或非惯例的，同时有关这些问题的信息很模糊且不完整，这就属于低结构化的问题（Ill-structured Problems，或称劣构问题）。虽然组织所面临的决策有 90% 以上是程序化决策，非程序化决策仅占 10%，却不容忽视，因为这类决策多涉及重大的资源分配，对组织绩效有关键性影响。

非程序化决策通常有很高的独特性，且不会重复发生，它是指面对低结构化或全新、未曾经历的问题，没有现成的解决方法时，所要进行的决策。组织所面临的危机处理，往往就是一种非程序化的决策。因为时间有限，往往管理者在解决完程序化决策后，缺乏

---

①　长城企业战略研究所. 国内外企业知识管理研究综述（一）[EB/OL]. [2010-2-4]. http://www.kmpro.cn/html/yanjiuyuan/xueshuqianyan/200710/25-2895.html.

7 实证研究:企业直觉决策情境下的认知地图管理方案构建

足够时间去解决非程序化决策,这种现象称为葛思汉规划法则(Gresham's Law of Planning)①。

总之,管理者的决策能力会受认知上的限制——也就是对信息之表达、处理和行动的能力限制,于是无法做出最佳方案的选择。换言之,由于风险不确定、信息模糊不清和时间限制等不可避免的因素,数据总会有不完整的情形出现。

由于组织所面对的环境具有很大的不确定性,组织的决策过程必然是一个有限理性的过程,或者用西蒙的话来说,是一个"主观理性"的过程。而直觉是心智活动的一部分,传达一项微妙的暗示,它把过去经验转化为当下行动的决断力,也就是说,在以往专业领域中拥有越多经验就越有信心,越能够靠自身直觉和感受做出决策,而不须"上穷碧落下黄泉"地分析种种选择。

基于上述论述,作者将基于认知地图的隐性知识管理方案的应用情境设定为企业直觉决策情境,在这种情况下,认知地图能够较好地展现其对于认知型隐性知识的综合管理,因为其表现的就是个人心智模型或组织心智模型,而直觉决策就是一种以心智模型为代表的隐性知识的应用。

7.1.2 研究对象说明

随着 2009 年 12 月哥本哈根会议的召开,"低碳经济"理念兴起,钢铁企业二氧化碳(CO_2)排放量问题遽然进入公众的视野,引起人们的密切关注。低碳(low carbon),意指较低(更低)的温室气体(二氧化碳为主)排放;而低碳经济是指以低能耗、低污染、低排放为基础的经济模式,其实质是能源高效利用、清洁能源开发、追求绿色 GDP 的问题,核心是能源技术和减排技术创新、产业结构和制度创新以及人类生存发展观念的根本性转变。

钢铁行业历来是传统的耗能大户,从国家能源局统计的数据来看,全行业总能耗约占全国总能耗的 14.71%。据统计,钢铁行业

---

① Gresham's Law of Planning [EB/OL]. [2010-2-6]. http://marc-abramowitz.com/archives/2005/01/28/greshams-law-of-planning/.

每年工业废水的排放量占工业排放总量的 8.53%，工业粉尘排放量占工业排放总量的 5.18%。数据显示，中国钢铁行业作为中国经济的基础和支柱行业，同时也是典型的能耗大户。我国钢铁工业排放的二氧化碳占我国二氧化碳排放总量的 12% 左右，占全球同行的 50% 以上。

世界钢铁今后几十年发展的大趋势如下：(1) 需求增加——尽管当前的金融危机极大地影响和制约了钢铁的发展，但是从长远来看，全球经济发展和区域经济发展都会增加对钢铁的需求量。(2) 钢产量增长——2007 年全球钢产量为 12 亿吨，随着钢铁在发电、运输、住宅等方面需求的不断扩大，预测到 2050 年，由于中国、印度等主要国家的经济发展推动，钢产量将达到 28 亿吨甚至更多。(3) CO_2 排放——目前按照吨钢排放 1.9 吨 CO_2 计算，每年排放的 CO_2 总量达到 26 亿吨。如果照此发展，到 2050 年 CO_2 排放总量将达 47 亿吨①。

如何应对今后 40 年全球对钢铁需求的增加和随之带来的 CO_2 排放的剧增？有没有可能在钢产量不断增加的同时，维持 CO_2 排放总量基本不增加？

低碳经济成了钢铁工业的必然选择，低碳经济的到来是钢铁企业调整自身产业结构、提高发展水平的良好机遇。那些走在节能减排前列的钢企将在未来的低碳经济中占据优势地位，落后钢铁产能将逐步被淘汰，实现国内钢铁产业的升级。

但是，如何促进钢铁产业朝"低碳"过渡，是钢铁行业亟待解决的重大问题，其牵涉甚多、影响重大，需要企业决策者给予战略层面上的及时回答。

武钢集团是新中国成立后由国家投资建设的第一个特大型钢铁联合企业，长期以来，武钢坚持贯彻落实科学发展观，坚定不移地走新型工业化道路，每年持续以 10% 以上的投资来提高节能环保整体装备水平，将环保与节能作为推行清洁生产和发展循环经济的

---

① 崔健（宝钢集团宁波钢铁公司）．低碳经济下钢铁工业的挑战与应对 [EB/OL]．[2010-2-7]．www.ctci.org.tw/public/Attachment/9102814242925.pdf.

两大重要手段,进入第二批国家循环经济试点单位。

为什么选择低碳经济环境下的武钢作为研究对象?作者拟作如下说明:(1)低碳经济是一个新名词、新趋势,对于高碳的钢铁行业绝对是一个巨大的冲击,而这一个前所未有的恶劣的外部环境,没有现成的经验可循、没有充分的政策可依、没有具体的路径可走,构成了企业管理者直觉决策的情境。(2)武钢集团作为"国字号"排头兵企业,其自身的企业知识管理必定带有中国特色,符合中国知识管理模式,本项研究致力于将其作为基于认知地图的隐性知识管理的案例来研究,使得知识管理落地生根,具有较强的现实意义。(3)武钢集团是一个典型的制造型企业,相对于知识型企业而言,具有丰富和明确的知识管理内容,更易于对引入知识管理的业务环节或流程进行分析,具有较强的可操作性。

7.1.3 研究内容说明

进入21世纪,钢铁企业的社会经济角色不仅仅是钢铁冶炼与钢材生产,基于资源、能源可供性前提,为提高市场竞争力和可持续发展能力,我们应该以更宽阔的视野、更积极的姿态思考钢铁制造流程的功能和钢铁企业的角色,而这需要进一步扩展到资源、环境、生态、循环经济社会等视角。

由于钢厂是以铁—煤化工为源头的制造流程,不难看出钢铁厂生产流程应该有三种功能:钢铁产品制造功能、能源转换功能和废弃物消纳处理功能(如图7-2所示)[①]。

基于上述对于新型钢铁企业功能及流程的模糊认知,作者希望能够从以下四个方面完成认知地图案例的构建与分析:

首先,作者以低碳经济环境下武钢可持续发展的自我认知为研究目标,拟摸清公司对于这一战略问题的直觉认知,包括认知结构、认知重点、认知关联等问题。

---

① 殷瑞钰. 钢铁工业是发展循环经济的优先切入点——钢铁工业发展循环经济的有效模式与途径 [M]//钢铁企业发展循环经济与实践. 北京:冶金工业出版社,2008:42.

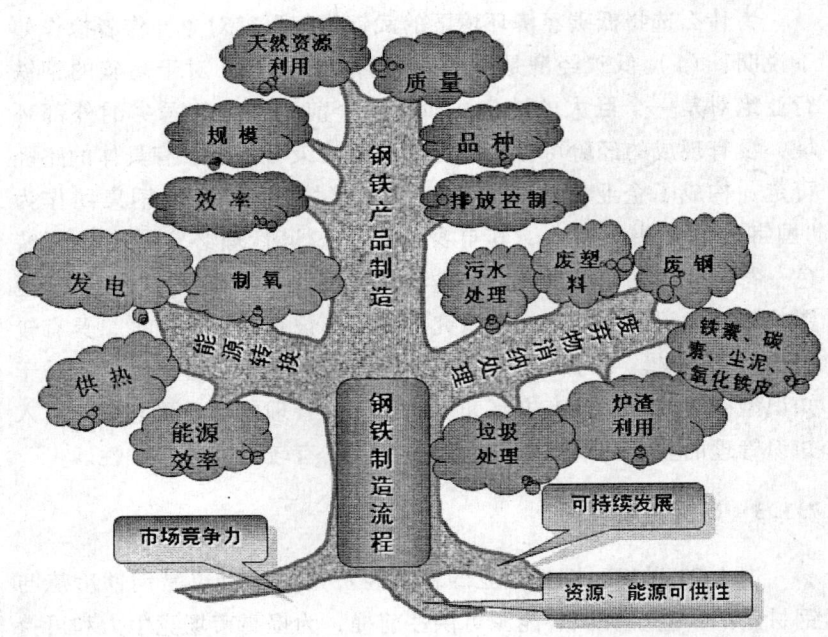

图 7-2　钢铁制造流程功能拓展示意图

其次,作者拟确定武钢集团这一战略性认知型隐性知识管理的重点领域,这一点可以由图 7-2 所示钢铁制造流程功能拓展示意图入手得到解答。

再次,对引入隐性知识管理的业务环节或流程进行分析,通过对已有的最佳实践(best practice)的回顾,得到对于上述战略认知的具体理解。

最后,作者拟形成低碳经济背景下武钢集团可持续发展的隐性知识管理方案。

7.2　基于认知地图的直觉决策案例构建与分析

因为认知地图由过去的经验进行构建并且由已表达的概念和关

7 实证研究：企业直觉决策情境下的认知地图管理方案构建

系构成，这使得它可以被用来解释新的事情。这一点很重要，特别是在现代企业管理者具备有限的信息处理能力，却又面临冗余信息环境下的复杂问题时，这种心智模型能帮助决策者选择信息以及决定哪些行为是合理的。

认知地图可以帮助决策者处理以下问题：（1）为问题的解决提供零乱或复杂的数据的结构化处理；（2）通过增进理解和产生新议程来辅助访谈的进程；（3）管理大量源于文档的质性数据①。

7.2.1 基于认知地图的决策问题的定义与表征

7.2.1.1 深度访谈——隐性资料的获得

在资料收集过程中，研究者紧密围绕"低碳经济环境下武钢集团的可持续发展"这一主题，由于因果映射会议要求研究者具备领导某一认知共同体的能力，缺乏可行性，在这方面作者选择广泛联系与研究问题相关的内部人士，通过灵活地采取 Self-Q 技术和面对面访谈方法，最终收集到了大量有价值的、内涵丰富的直觉信息；再有，在实地访谈中也尽量确保调研对象覆盖企业各部门、各层级，并对各种途径获取的口头资料进行不断比较和验证，确保其真实、准确地反映案例状况。这也决定了从个人认知地图到组织认知地图的构建过程，其中将运用认知地图的合成方法。

调查发现，武钢集团总部分为战略发展部、企业管理部（分为法律事务部、资产运营管理部）、计划财务部、工程管理部、科技创新部、资源开发部、安全环保部等数十个部门，以上列举的均为与此项研究议题有较大相关性的部门。为完成对于议题的整体性认知，同时考虑到可行性，作者选取了资产运营管理部、资源开发部、安全环保部三个部门的主管工作人员进行了深度访谈，并将访谈内容编写成文字稿件。

访谈方法简介如下：为引出开始因果映射的概念，使用自我提

---

① Fran Ackermann, Colin Eden, Steve Cropper. Getting Started with Cognitive Mapping [EB/OL]. [2010-2-4]. http://www.banxia.com/dexplore/pdf/GettingStartedWithCogMapping.pdf.

问的方法和建立在讲事迹和使用隐喻之上的半结构化采访,来探讨中心议题——"武钢在低碳经济环境下如何可持续发展";通过"原因何在?""这是如何发生的?"等诸如此类的提问引出隐性惯例;如果概念流发生中断,此时可以提一些诸如"您是否可以就这是如何发生的举一个例子?""您是否可以讲一个事迹?"之类的问题①。需要指明的是,必须根据企业具体的战略目标来明确各个影响因素之间的因果关系,企业的战略就是一系列的 If-Then 假设②。

其中,部分访谈结果记录详见附件三,接下来就是针对采访中揭示的影响因素进行映射得到认知地图。

7.2.1.2 基于因果认知的扎根分析

具有访谈文本基础的认知地图可以由系统性的编码产生而来,在编码的过程中,研究者聚焦于叙事中的重要概念以及概念之间的连接关系,这样,认知地图能够借由描述个人内心知识的排列、连接,进而去捕捉个人的认知架构。

通过对全部访谈结果的文本编码,作者撷取出特定人员在特定领域的认知结构,经由以下四个程序,将文本绘制成每个受访者的认知地图,这四个程序分别为:

(1)在逐句录入的访谈文本中,撷取出有明显的因果关系的叙述,例如:"因为……所以……"、"当……"、"导致……"、"利用……达成……"、"……让……"、"……使得……"、"透过……"、"……以至于……"、"……结果……"、"随着……而……"等等的句子,并排除句中涉及尚未发生与预想中的状况或者被访者纯粹主观的评述。

然而,由于表达的隐性和随意性,并不是所有的叙述都具有明显的因果关联,研究人员将采用 Hume 的古典规则,即:时间上的

---

① [英]维洛尼克·安布罗西尼著,詹正茂,陈婷婷,曹舒弢等译. 隐性资源:企业赢得持续竞争优势的源泉 [M]. 经济管理出版社,2006:55.

② Robert S. Kaplan, David P. Norton. Linking the balanced scorecard to strategy [J]. California Management Review, 1996: 53-79.

7 实证研究：企业直觉决策情境下的认知地图管理方案构建

先后、经常性的关联与影响的近邻（后文将详述）。

（2）从第一步骤所取得的句子中辨别出"因"以及"果"，得到认知地图的初始概念；然而正如 Weick（1979）指出的那样，我们往往无法分辨何者是"因"，何者是"果"，因为这两个变量在一个循环圈里互相控制着对方。我们如何确定某一概念引发了另一概念？这里研究者应该熟习并应用以下一些相关的条件加以确认①：

关联的强度（B 与 A 关联的强度，超过与其他可能因素的关联）

一致性（在不同地方许多研究都发现了 A 与 B 之间的关联）

特定性（A 与 B 之间存在某一特定的关联）

时序性（A 在 B 之前，而不是 B 在 A 之前）

生物学上的梯度（如果 A 增加，B 也增加）

看似合理性（存在一种已知机制，它连接了 A 与 B）

类比（A 与 B 的关系和 C 和 D 之间已经确定的因果模式是相似的）

表 7-1 是访谈文本编码范例：

表 7-1　　　　　　　访谈文本编码范例

我们理解的低碳经济，是指在不影响经济发展的前提下，**通过技术创新和制度创新**，**降低**能源和资源消耗，尽可能最大限度地**减少**温室气体和污染物的排放……
钢铁产量是直接影响**二氧化碳排放的主要原因**。而这一现象在我国钢铁工业上表现得尤为突出……
中国国内过剩的产能**降低**利润率，**阻碍**创新……

（3）发展出编码制度为"因"以及"果"编码。这个步骤的

---

① ［美］迈尔斯，休伯曼著，张芬芬译. 质性资料的分析：方法与实践[M]. 第 2 版. 重庆：重庆大学出版社，2008：199-200.

主要目的是为了控制认知地图的内容，将认知地图的结构简化以方便比较。在这个阶段采用标杆法，利用殷瑞钰所提出的钢铁制造流程功能拓展示意图中已有的19个议题概念，将这些概念与受访者个案分析中所辨别出的"因"以及"果"做比较。

其中钢铁制造流程功能拓展示意图中已有的19个议题概念包括：可持续发展、市场竞争力、资源/能源可供性、天然资源利用、规模、效率、发电、制氧、供热、能源效率、质量、品种、排放控制、污水处理、废塑料、废钢、垃圾处理、炉渣利用、铁素/碳素/尘泥/氧化铁皮。

当受访者的"因"以及"果"的概念与之相同时，则采用为绘制认知地图的概念。同时，应当注意的是，在编码的过程中应尽量使用受访者的语言文字，以减少编码人员主观意思造成的误差。另外，为使认知地图存在模糊化或者说定量化的可能，作者约定认知地图的概念必须能够予以量化描述并具有一定的概括性，对于常规概念作者不做解释，但定义了诸多概念，在此一一说明，如表7-2所示：

表7-2　　　　　武钢集团可持续发展能力概念的说明

影响因素	说明
A 资源外交渠道程度	指的是集团对于铁矿石资源的获取渠道的数量、质量、交易价格优势等
B 钢铁需求量	略
C 行业重组度	指的是集团的规模、行业地位、对市场准入的影响等
D 煤炭使用量	略
E 资源价格	略
F 产能过剩率	指的是集团钢铁产能过剩的行业相对比率
G 工艺及装备水平	略
H 利润率	略

7 实证研究：企业直觉决策情境下的认知地图管理方案构建

续表

影响因素	说明
I 管理创新程度	指的是集团在钢铁生产过程中低碳经济这方面的自主创新现状和制度准备
J 平均能耗	略
K 市场竞争力	指的是集团整体的竞争力评估指数
L 环境污染程度	指的是集团对于环境的可量化污染程度
M CO_2 排量	指的是钢铁生产加工流程中的 CO_2 排放量
N 可持续发展能力	指的是集团在低碳经济环境下的可预见的可持续发展能力

(4) 将以上 14 个概念融入议题作为绘制认知地图的基础。

认知地图就是将访谈文本经编码所析取出来的概念，分为"因"变量与"果"变量，并将其间的关系（以箭头表示）展示在图中。变量间的关系是有方向性的，而不仅仅是有关联。认知地图假定了某些因素对另一些因素有影响：X 使 Y 成为现在这样，或者使 Y 变大或变小。

有过多次构建认知地图经历的人都将列表扩展法作为刺激思维的因子，从而很容易并美观地画出认知地图，列表扩展法适用于做分析理解之用——认知地图是一个问题中所有因素的列表。列表扩展通常是从仅包含一两个变量的列表开始的，理解所有的变量是我们构建认知地图模型的目标。

在确定"可持续发展能力"为目标变量的前提下，我们从只有一个变量的列表开始，经过逐步扩展形成一个完整的认知地图。随着扩展的过程不断进行，先进入到模型列表的变量驱动着随后进入的变量，整个图形从右到左被连接起来。

在上文论及绘制认知地图的流程时，必须做出对概念及概念间关系的陈述，作者认为，在实践过程中，这可以作为一部分研究结论，以及为相关人员进一步量化认知地图即赋权提供解读、培训的基础。对概念及概念间关系的陈述包括配合图中的流向另外撰写的说明文字，以达到澄清与摘述的目的，同时，对于绘制的网络图及其说明文字，可以请同事或报告人提供批评，用以加强其效度。

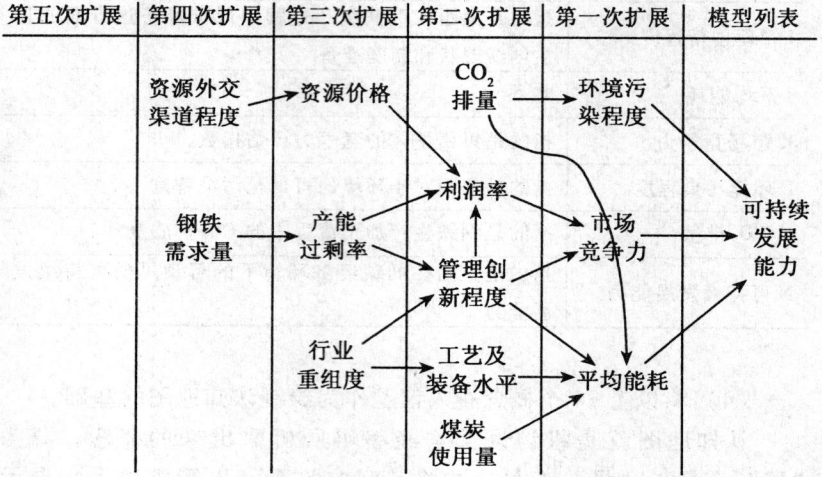

图7-3　低碳经济下武钢集团可持续发展的列表扩展图

在上述列表扩展图7-3的基础上，作者拟结合访谈得出如下结论，由于对14个概念建构了18条关系，有些关系不言自明，故而略去，对于以下值得探讨与深究的关系谨表述如下。

（1）资源外交渠道程度与资源价格的关系。

2009年11月底，武钢集团与巴西EBX集团矿山和钢铁项目合作在武汉签约，此举被媒体称为武钢"曲线救国"拿下"中国价"。武钢此举是国内钢企首次大规模正式进军巴西投资钢铁项目，同时我们注意到武钢近期频频在国际舞台上施展拳脚，如公司与委内瑞拉矿业集团成功达成长期采购合同和五方协议，这是首个明确以中国价执行的合同，标志着中国矿石采购价格不再受国际三大矿石巨头制约[1]。依此，武钢在委内瑞拉采购铁矿石的长期协议

---

[1] 李金玲. 武钢"曲线救国"拿下"中国价"［EB/OL］.［2010-2-1］. 中国产经新闻, http：//www.hlzqgs.com/hlzqgs/c/news/mEntrance? module = news_stock&method = mShowContent&contentID = 0000000000000023h3a&contentType = 002002&menu=news&requestType=news.

价格低于2009年度日本钢厂与三大矿山达成的首发价。对于武钢集团自身来说，其资源外交渠道程度的灵活多重导致了其获取资源价格的相对低廉，这不得不说是其企业经营战略中的最佳实践，构成了其在行业中的重要核心竞争力。

（2）产能过剩率与利润率和管理创新程度的关系。

"钢厂如果不适当控制产量的话显然不利于市场供求平衡，会明显抑制钢价的上涨，而近期连跌的钢价也表现出了这种趋势"，兰格钢铁信息研究中心主任侯志芸表示。

钢铁产业的低利润率与其目前全行业产能过剩不无关系，在产能过剩的情况下，所有产品大幅度提价的可能性很小，总供给大于总需求而压低了价格——产能巨大，导致价格低廉，企业盈利能力自然下滑，甚至亏损；为促进经济增长，企业必须保持生产量，而市场消化能力有限，产能增大必然导致价格走低……我国钢材行业已陷入一种"越穷越生、越生越穷"的怪圈。国家现已对钢铁行业的过剩产能进行调控，但短期内无法改变钢铁行业低利润率的现状。

中国欧盟商会主席伍德克表示，中国国内过剩的产能势必降低利润率，阻碍创新，而钢铁业赫然在产能过剩的列表之中。目前，中国钢铁行业存在着严重的产业和产品结构不平衡，大量产能集中于对粗钢的生产，在中国大量钢材过剩的同时，每年仍然需要进口大量的高附加值钢铁。这种结构性产能过剩造成了大型钢铁企业的高度同质竞争以及自主创新能力的严重匮乏。在市场经济条件下，企业竞争的主要方式是创新而不是价格战，企业的核心竞争力在于创造出属于自己的"稀缺"。而现今来看，产能过剩造就的是价格大战而非钢铁行业及企业的全面管理创新。

（3）行业重组度与管理创新程度和工艺及装备水平的关系。

武钢称得上是涉足钢铁企业联合重组最早、动作最大的钢铁企业，2005年以来，它步步为营，一路高歌，先后与鄂钢、广西柳钢、云南昆钢股份公司实施联合重组。2005年7月，《钢铁产业发展政策》出台，对钢铁企业的联合重组提出了明确要求，支持钢铁企业向集团化方向发展（即战略重组）。

武钢的战略重组过程，其实是一个科学的系统工程。重组伊始，武钢建立了高效的组织体系，筛选并确定重组目标，连续跟踪和分析目标企业，加强与重组目标企业、所在政府的沟通，系统评估后进行决策。重组方式上，因企制宜，灵活运用不同的重组模式，遵循"三个有利于"原则。即有利于贯彻落实国家钢铁产业发展政策；有利于加快地方经济发展和产业结构升级；有利于实现武钢与被重组企业间的优势互补，促进共同发展。对于重组企业，武钢"视同己出"。通过"发展规划统一、产品研发统一、市场开发统一、资源开发统一和资本运作统一"发挥协同效应，实现共赢①。例如，根据武钢的整体规划，重组后的新昆钢股份将进行技术改造。又如，武钢研究院开办了鄂钢分院、昆钢分院，南宁分院也在筹备中。

若将低碳经济的理念引入钢铁行业，就意味着今后钢铁企业在生产过程中，需要更多地使用低碳技术和装备，以降低单位能耗并减少温室气体排放。由上述武钢的一系列最佳实践可以看出，企业的行业重组可以大幅度提高管理创新程度和工艺及装备水平。至于如何"更有效地控制资源消耗，更合理地利用新型能源，更集中地排放温室气体，更高效地开发尖端技术"，最直观的办法就是加快我国钢铁行业整合重组步伐。

(4) CO_2 排量与环境污染程度以及平均能耗的关系。

由于二氧化碳既不是废弃物也不是污染物，其排放并未列入考核指标之中。而当前国家提出了碳减排目标，估计今后碳排放会以直接考察如吨钢二氧化碳排放，或间接考察如吨钢煤碳消耗等形式，形成对钢铁生产行业的碳排放约束，进而促使钢铁行业在工艺、规模、技术等方面发生革命性变化，并有可能导致行业新一轮洗牌。故而，作者建立起 CO_2 排量与环境污染程度之间的因果关系。

作者在此说明为何将 CO_2 排量视为"因"，将平均能耗视为"果"——这是由低碳经济的研究情境决定的。在传统的生产中，降低 CO_2 排放，本质上是要进行节能，因为降低大气中 CO_2 含量主

---

① 如何重组？问道武钢 [EB/OL]. [2010-2-3]. http://www.bmlink.com/newslist/226219/.

要是从工业生产过程的节能降耗做起；在低碳经济中，CO_2排量是一个特定的基本指标，只要保证CO_2排量的减少，就能降低平均能耗，而这都是通过低碳技术来实现的，因为排放的CO_2含有大量的未利用的热能，如能采用循环的方法将其二次回收利用，就同时实现了节能减排。

（5）管理创新程度与利润率、市场竞争力、平均能耗的关系。

众所周知，企业的管理创新特别是自主创新能大幅提高利润率，赢得市场竞争力，而对于其中的制度创新则与平均能耗重点相关。

一般来讲，钢铁企业提高节能减排管理水平，可以实现节约企业总能量5%～7%的效应。钢铁企业的管理主要体现在①：节能减排要有专人来管，要建立完善的节能减排管理规章制度，要真实掌握本企业用能和节能现状（仪器仪表配置齐全，完好率高，周检率达标，数据统计及时、准确、可靠等），要制定企业节能减排发展规划，大型钢铁企业要建立企业的能源管理中心等。

（6）工艺及装备水平与平均能耗的关系。

武钢近年来一直致力于发展循环经济，例如武钢与GE签署高炉煤气联合循环发电合作协议，通过招标引入GE的先进设备，实现了减排、发电、提供生产用蒸汽的一举三得。这项最佳实践充分表现了工艺及装备水平与平均能耗的关系，即工艺装备水平的提升带来的是平均能耗的降低，这表现在新型的工艺装备具备循环能源利用最大化、一次能源利用率高和尽量使用二次能源的特点上。

7.2.1.3 认知地图的权重的获得

为向被调查者解释权重即因果关系强度的意义，作者采用一项现有研究予以说明，如下图7-4所示，它是一个基于关于公共健康研究的模糊认知地图。

城市人口的增长会导致城市现代化水平的提高，程度为0.6，

---

① 王维兴. 关于钢铁企业降低CO_2排放的探讨 [EB/OL]. [2010-2-4]. 中国钢铁企业网, http: //www.chinasie.org.cn/newmore_tb.asp? id = 17819.

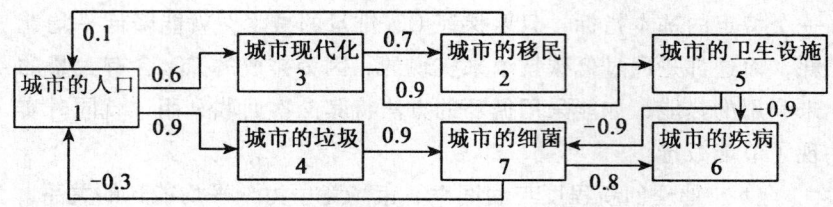

图 7-4 关于公共健康研究的模糊认知地图①

即为因果关系强度；城市现代化水平的提高会导致城市移民的增多，程度为 0.7；城市移民的增多会进一步导致城市人口的增长，程度为 0.1；同时，城市的细菌的增多会导致城市人口的减少，程度为 0.3（权重标为 -0.3），同理，城市的卫生设施的增多会导致城市细菌的减少，程度为 0.9（权重标为 -0.9），其他权重意义类推。

由于已知信息往往不够全面、确切，专家在进行变量之间因果关系强度的评判时，只能以区间的形式给出一个判断的范围，作者在这里对专家赋权法中已有的标度方法做了一个大胆的改进，表现在两个方面：

（1）通过已有的访谈文本编码得到权重的正负，事实上，这必须对编码过程做出要求，即在判断"因"、"果"的同时，判断因果之间影响的性质，"降低"、"减少"、"阻碍"、"抑制"等词汇成为我们编码负因果关系的性质的基础。同理，"提高"、"增强"、"促进"、"推动"等词汇成为我们编码正因果关系的性质的基础。

（2）在受访者已经给出权重的正负的前提下，为相对精确地表达对某个因果联系的看法，我们设定了区间而不是单一的数值来确定权重——衡量尺度一般划分为五个区间，分别是 0、(0, 0.25]、(0.25, 0.5]、(0.5, 0.75]、(0.75, 1) 和 (-1, -0.75)、[-0.75,

---

① 葛晓冬. 利用认知图进行决策分析的系统的研究 [J]. 系统工程理论方法应用, 1993.

7 实证研究：企业直觉决策情境下的认知地图管理方案构建

-0.5）、[-0.5，-0.25）、[-0.25，0)、0。为什么在区间设定时保留 0 标度而去掉 1 标度，作者的考虑是为了避免专家判断的主观臆断而添加了无用的关系连接，同时也避免因果关系强度的绝对性，即复杂的管理系统中没有完全绝对的因果关系。事实上，这里的 0、1 不是真实数值，只是一个真实意义的相对归一化的表达。

在发送问卷之前，本研究做了大量的准备工作，包括确定调查对象、搜寻调查对象的联系方式，并根据实际情况采取了面对面发送和邮件发送的不同形式。本研究从 2009 年 12 月初至 2010 年 2 月初，共发放问卷 50 份，回收问卷 47 份，其中有效问卷 41 份，回收率达到 94%，有效率达到 82%。以下为调查问卷的信度与效度分析：

（1）调查信度分析。

本书中的调查问卷与一般调查问卷不同。一般问卷是针对某一问题概念进行专家或学者的打分，多为关于重要性和贡献度的打分，而本书的调查问卷，是关于两个元素概念间因果关系的打分，因此打的分是两两概念之间的因果比较值（此值采用区间选项中的区间的头尾相加除以二的算法得到）。由于本书中最后所获得的认知地图的权重是取调查问卷中各个专家打分的平均值，变量的各个测量项之间需要保证内部的一致性，因此本研究需要对问卷调查进行信度分析，也就是一个变量的多个测量项所得到的结果应相近，通常以克隆巴赫阿尔法系数（Cronbach's alpha）衡量，即测量信度。

Cronbach's alpha 的值一般是介于 0、1 之间，系数越大，说明该变量各个题项之间的相关性越大，也就是内部一致性程度越高。作者采用 SPSS17.0 软件研究数据的信度，在 SPSS 中的分析 A 菜单下选择度量 S 下的可靠性分析 RA 对调查数据进行测算，得出问卷整体的 Cronbach's alpha 系数为 0.824，一般在 0.8 以上说明问卷的信度比较可靠，所以本调查问卷总体可靠性较佳（如图 7-5）。

（2）调查效度分析。

效度指测量工具能够正确测量出所要测量的特质的程度，效度检验通常需要从结构效度和内容效度两方面进行。

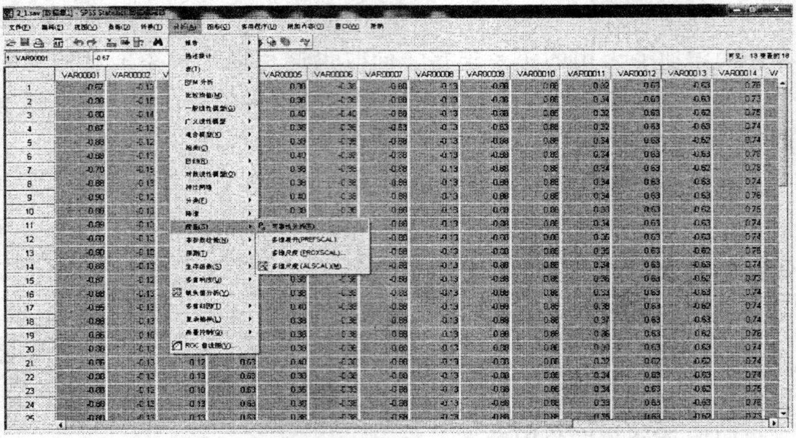

案例处理汇总

		N	%
案例	有效	40	100.0
	已排除 a	0	.0
	总计	40	100.0

a. 在此程序中基于所有变量的列表方式删除。

可靠性统计量

Cronbach's Alpha	项数
.824	18

图 7-5 关于权重矩阵调查问卷的信度分析截图

  结构效度是指测量工具反应概念和命题的内部结构的程度，即问卷的调查结果。如果可以测量其理论特征，使调查结果与理论预期一样，就可以说数据是具有结构效度的。一般采用因子分析法进行效度的检验。本书一共有 18 个因果关系强度需要专家评判打分，因此这 18 对测量项目全都是针对同一个问题进行测量，不同于一般的结构效度有不同维度的因素分析。因此本书不便对调查问卷进行结构效度的检验，在众多效度中，本书可以选择内容效度进行分析。

  内容效度（content validity）反映的是所设计的题项是否能够代表所要测量的内容或主题。内容效度经常用逻辑分析和统计分析相结合的方法进行评价。逻辑分析由被访问的专家评判所选题项是否"觉得"符合测量的目的和要求。本书设计的问卷在前文中已经通过大量的文献分析和理论研究对所要测量的变量做了充分的论证，在此基础上，还利用深度访谈的方法，收集相关人员的意见和建议，对问卷进行补充完善，所有的测量指标均得到了专家的一致认可。此外，还邀请了相关领域专家学者对问卷题项的代表性进行了讨论并提供了宝贵的反馈意见，对表达不清的地方均做了修订，在正式发放问卷之前还对部分专家进行了问卷前测，最终才形成了本研究拟采用的调查问卷。鉴于上述过程的严谨性和可靠性，所有这些工作为本研究所采用的问卷调查的内容效度提供了有力保障。

本书假设只考虑专家 A、专家 B 分别给出的问卷调查中直接影响矩阵的各个因果关系权值系数，例如，专家 A 认为"CO_2 排量"对于"环境污染程度"的影响比较显著，给出数量评价值为 (0.75, 1) 可以折算成 (0.75+1)/2 为 0.875；专家 B 认为"CO_2 排量"对于"环境污染程度"的影响非常不显著，给出数量评价值为 0。专家 A 和专家 B 就个人判断给出了不同的数值，通过综合不同专家的知识来实施合理的决策，FCM 的最终权重所建立的矩阵上的向量值为两个专家所给出的因果关系值的平均值，即为 (0.875+0)/2。也就是先通过区间权重算法（区间的头尾相加除以 2）折算各个专家所给出的评断值，再取各个专家所给值的平均数，也就是有 N 个专家，就将 N 个专家所给值相加再除以 N 得到。最终，我们可以得到相关矩阵如表 7-3（除了标出来的数值外，其他空格都为 0）。

图 7-6 是已经给出正负权重的认知地图。

7.2.2 基于认知地图的决策问题的分析

正如第 6 章交代的一样，面向认知地图的分析是直觉决策的重要环节。下面将展开常规方法、ANP 方法和仿真方法的分析，以飨结论。所谓常规方法，即按照多样化的指标来分析，有固定的程式与方法，可预见性强，是一种简单的分析思路；而 ANP 方法和仿真方法则会建立在数学模型基础之上，对认知地图的权重展开分

表 7-3 通过调查问卷得到的权重矩阵

	1A	2B	3C	4D	5E	6F	7G	8H	9I	10J	11K	12L	13M	14N
1A					-0.63									
2B						-0.38								
3C							0.63							
4D									0.38	0.88				
5E								-0.5						
6F								-0.88	-0.13	-0.88				
7G								0.38			0.88			
8H										-0.63	0.38			
9I														
10J												0.44		-0.75
11K										0.75				0.75
12L														-0.48
13M														
14N														

7 实证研究：企业直觉决策情境下的认知地图管理方案构建

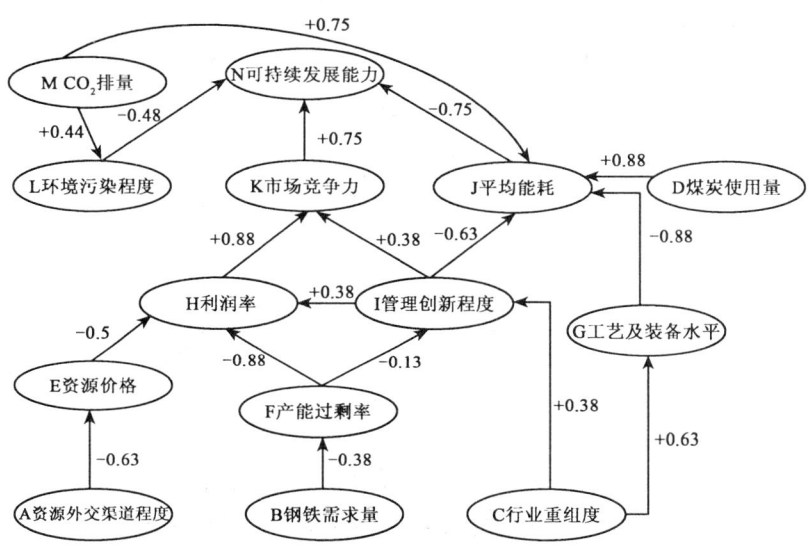

图 7-6 关于低碳经济下武钢可持续发展的认知地图

析，比起前者更加高级与深入，具有较强的解释力与实践性。

7.2.2.1 常规方法及结论

对于上述认知地图，反映在认知地图 Decision Explorer（以下简称 DE）中，可以依靠其丰富的分析命令与按钮予以分析。因为 DE 中节点有默认编号但不能输入中文，考虑到操作的方便与简洁，经过 DE 的 Tidying up（整理）操作将图 7-6 简化成为如图 7-7 所示的认知地图。因为 DE 中无法输入"+"权重，故而除"−"权重外，其他连线上权重默认为正。

第一步，作者从节点入手，首先观察全图没有孤立节点，命令"orphan"无结果，表明受访者议题相对较为集中一致；其次，运用"LH"、"LT"命令分别寻找头节点和尾节点，如图 7-8 所示，尾节点为"资源外交渠道程度"（1A）、"钢铁需求量"（2B）、"行业重组度"（3C）、"煤炭使用量"（4D）、"CO_2排量"（13M），表明受访者认为这五个概念是触发事件、初始原因或变化的推动因素，所有的解决问题的方式方法必须导向它们的改变；最后，运用

基于认知地图的隐性知识表达与共享

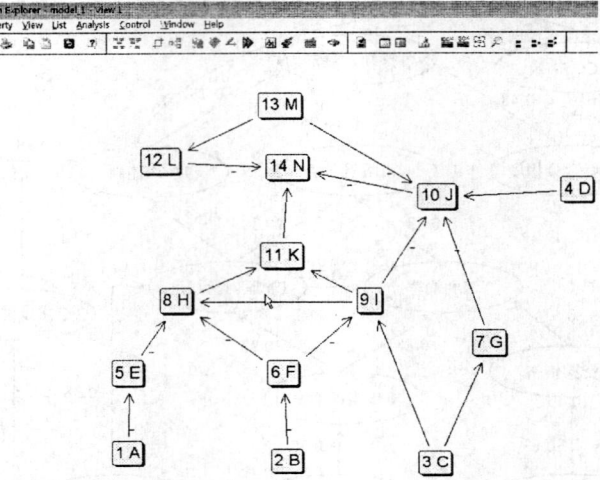

图 7-7　认知地图在 Decision Explorer 中的简化显示

cotail 按钮进行共尾节点分析,发现"行业重组度"(3C)、"产能过剩率"(6F)、"CO_2 排量"(13M)具有充分的奠基作用和论证力,没有这三个概念,其上的多个论证链就会断裂,这正是在决策中需要把握的重要基础概念。

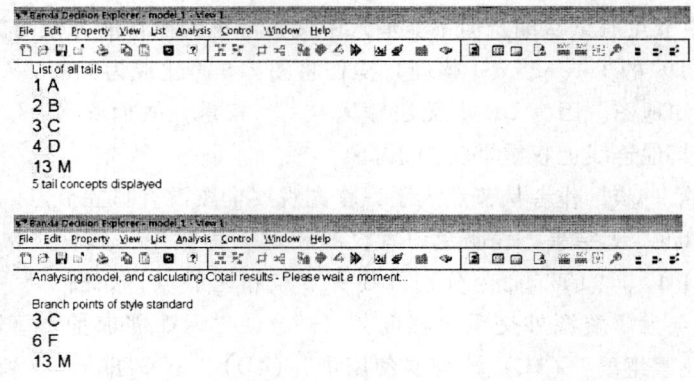

图 7-8　Decision Explorer 中的尾节点和头节点分析结果

7 实证研究：企业直觉决策情境下的认知地图管理方案构建

进一步，我们考察节点间的关系即连线，运用"LR"命令将所有连接列出，如图7-9所示，直观显示了由各节点出发的直接连接：

```
Banxia Decision Explorer : model1 - View 1
File  Edit  Property  View  List  Analysis  Control  Window  Help

1 > +5
2 > +6
3 > +7 +9
4 > +10
5 > +8
6 > +8 +9
7 > +10
8 > +11
9 > +10 +11 +8
10 > +14
11 > +14
12 > +14
13 > +10 +12
```

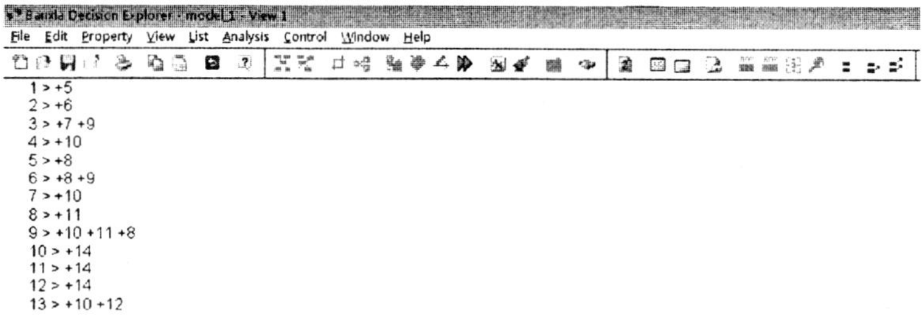

图7-9　由各节点出发的直接连接显示

通过DE中的按钮，采用树形显示方式，可以看出如上文所述的"Action-CSF-Goal"的水滴状等级层次结构，如图7-10所示，我们将网状无规则的认知地图转换成等级的树状，是符合人们由表及里、由粗到精、由抽象到具体的等级性、层次性思维过程的，这种认知层面的变换更加符合人们解决问题和作出决策的过程。

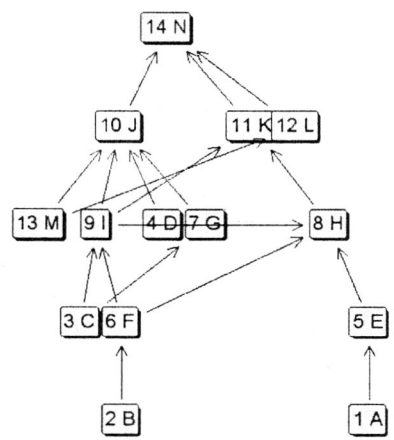

图7-10　认知地图的树形显示方式

连接导致了节点的出度和入度,进而引申出其在全图中的重要性。运用"domt 14"、"cent 14"两个命令可以分别进行节点的域分析排序和中心性分析排序,如表7-4所示。

表7-4 全部节点的域分析排序和中心性分析排序

域分析排序	描 述	中心性分析排序	描 述
9 I	5 links around	9 I	8 from 13 concepts
10 J		10 J	7 from 12 concepts
8 H	4 links around	8 H	7 from 13 concepts
6 F	3 links around	14 N	6 from 11 concepts
11 K		11 K	6 from 13 concepts
14 N		6 F	6 from 12 concepts
3 C	2 links around	13 M	5 from 10 concepts
5 E		7 G	5 from 10 concepts
7 G		3 C	5 from 11 concepts
12 L		12 L	4 from 8 concepts
13 M		5 E	4 from 9 concepts
1 A	1 links around	4 D	4 from 10 concepts
2 B		2 B	3 from 7 concepts
4 D		1 A	2 from 5 concepts

可以看出,中心性分析总体符合于域分析,但更细化了节点的排序,节点"管理创新程度"(9I)和"平均能耗"(10J)是人们谈论最多的概念,是达到目标所必需的两项关键成功因素(CSF),即加强管理创新与降低平均能耗,是武钢集团可持续发展的重中之重——这是受访者的一致共识。其中,"管理创新程度"(9I)的中心性最高,表明其对各个概念具有深远的连带作用即影响性巨大,这是与我国钢铁行业亟待自主创新的现状与建设国家创新型国家、加强制度创新、机制创新等宏观背景分不开的。其次,"利润

率"(8H)被较多地论及,作为企业最看重的财务指标,它灵敏地与表征了内外部环境的变化,并与前驱概念、后继概念相协同,衔接了多条重要且完整的因果路径。最后,我们来看重要性排序的第三阵营——"产能过剩率"(6F)、"市场竞争力"(11K)、"可持续发展能力"(14N)。"产能过剩率"被频繁提及是有着其特殊的情境与现状的,表明受访者对其有着清醒的认识,由它过渡到"市场竞争力"以至"可持续发展能力"经历了复杂的间接论证链。

紧接着,作者转向整体分析视角,采用聚类分析得到认知地图所反映的认知结构。当预先设定聚类分析选项(Cluster Analysis Options)——模式(Mode)为"Direct-All directions"时,则为连接聚类方式,即将全图节点按照其所有连接的 Jaccard 关联系数(Jaccard Coefficients)排列并由阈值分割①,形成彼此有连接但又相对独立的概念族群,如图7-11所示。

可以看出,聚类1由围绕在关键成功因素(CSF)——"J平均能耗"周围的的多个概念组成,这一聚类的主要议题以平均能耗来溯源或引发,多属于结构化可控的因素;聚类2由围绕在关键成功因素(CSF)——"I管理创新程度"周围的多个概念组成,这一聚类的主要议题以管理创新来溯源或引发,多属于非结构化可控的因素。这些与前面域分析以及中心性分析的结果相互应证。

当设定模式(Mode)为"Hierachical"时,则为层次聚类方式,即在已指定的关键问题(通常是头节点或分支节点)基础上跟踪对于其的解释直至到达任一尾节点,形成具有层次关联又不重复的集合,如图7-12所示。

可以看出,该层次聚类包含了绝大多数尾节点论证至头节点的绝大多数重要因果路径,起到了迅速概括完整论证链的作用,这一点与使用聚焦(Focus)按钮得到的结论是一致的,而 Focus 按钮

---

① Banxia Software Ltd(2010). Decision Explorer Newsletter Compendium [EB/OL]. [2010-2-2]. http://www.banxia.com/dexplore/pdf/Newsletter_Compendium.pdf.

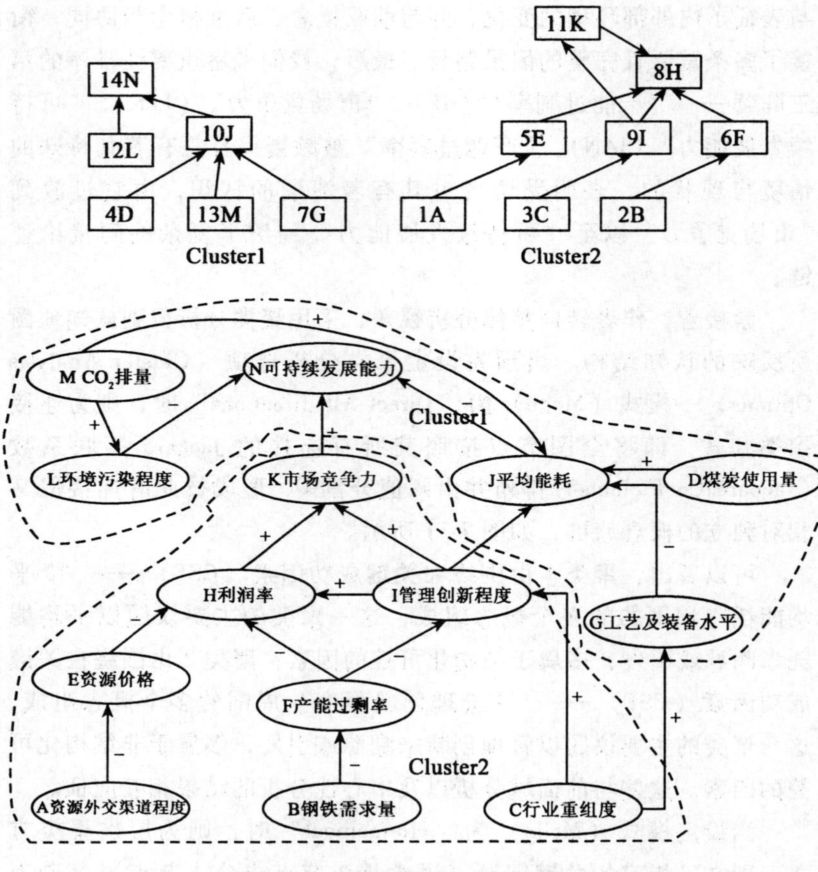

图 7-11 认知地图的连接聚类显示

旨在暂时简化缩减认知地图,通过去除多余连接以突出关键问题(key issue)。

另外,补充一些定量化的研究结论。据第 5 章所述的指标,该认知地图的复杂度为 $18/14 \approx 1.29$,密度为 $18/[14 \times (14-1)] \approx 0.099$,在典型的密度值区间内——这表明认知复杂度较高且基本符合可分析的范围,认知结构有较高的创新潜力;采用 Selcuk Burak Hasiloglu 的衡量认知地图的密度的指标 D、总体变量的中心性

7 实证研究：企业直觉决策情境下的认知地图管理方案构建

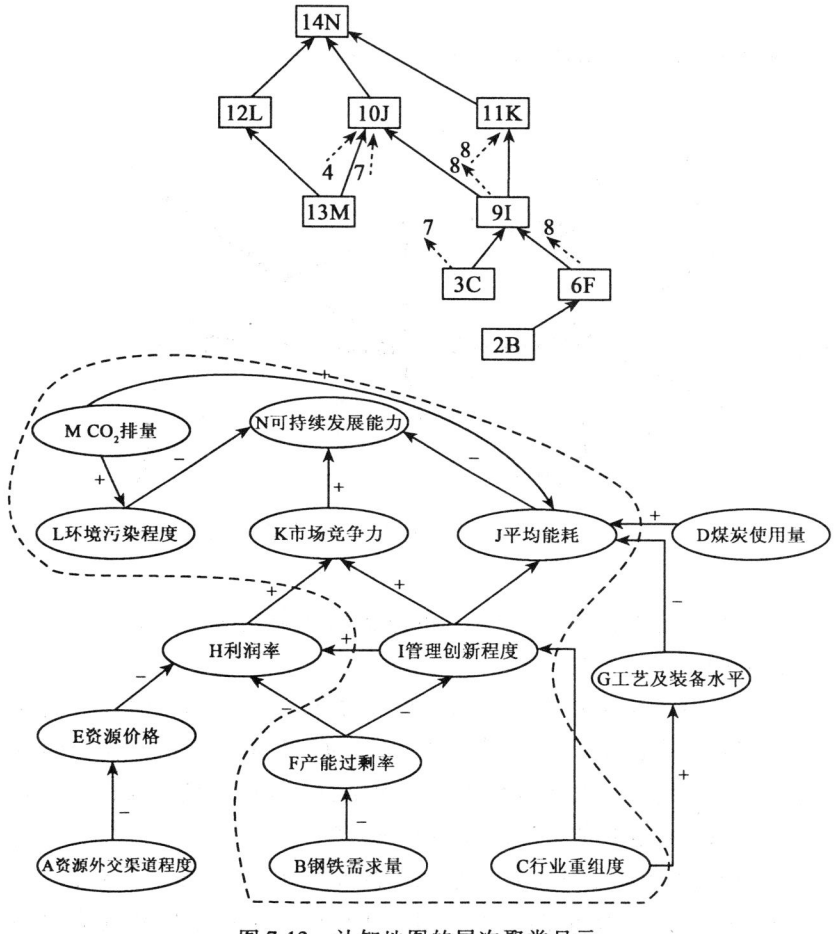

图 7-12 认知地图的层次聚类显示

指标 C_i 以及层次性指数 h，我们可以得出其层次性指数 $h \approx 0.015$，在区间 [0, 1] 中更接近于 0，表明认知地图趋向于民主化，即表达思想的节点显得趋于无规则，更像是直觉，这表明受访者的因果映射成功完成，作者的研究方法和过程具备一定的科学性。

最终，在常规分析中的重头戏是概念网络分析，按照 Pajek 的语法格式将上述认知地图按其邻接矩阵形式写成 .net 文件格式，输入 Pajek，输出如图 7-13 所示的网络图。

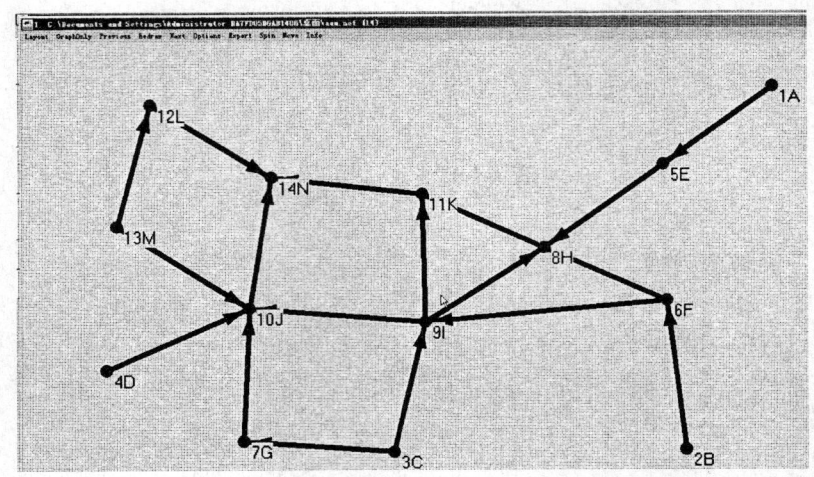

图 7-13　认知地图转换成 Pajek 的网络显示

由社会网络分析软件 Pajek 的分析功能来完成如下概念网络分析，结论如下：

(1) 这个网络没有强组合，整个是弱组合网络。同样，因为这个网络中不包含多重边，所以无法进行 M-slice 分析。作者的理解是，认知地图是基于因果关系而构建的，而因果关系通常是单向的，导致此种连接关系网络显得不够紧密。

(2) 因为该网络没有强连接，故在用 Pajek 分析 K 核心（K-core）时，根据 Pajek 的使用规则，我们需要把网络转化为无向网络，计算结果为：k=2，即此网络中大部分连通的节点有两个及其以上的邻居，如图 7-14 所示。

由于 k 是一个判断网络凝聚力的阈值，K 值越高，网络的凝聚力越强，而在这个网络中，只要不是孤立节点，就是 k=2，说明整个网络凝聚力还不强，这反映了认知地图内容相关性不强，联系不够深入，这正是直觉思维的特征。

(3) 运用 Pajek 寻找群落（Cliques，即完全 N 元体），又遇到了如上的同样问题——即以有向网络来计算的话，这个网络中不存

7 实证研究：企业直觉决策情境下的认知地图管理方案构建

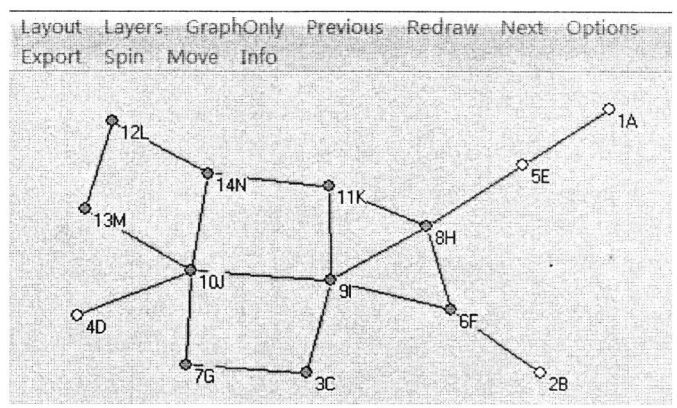

图 7-14　认知地图在 Pajek 中的 K 核分析

在完全三元体；而以无向网络来计算的话，此网络中存在两个完全三元体，由 4 个节点 6F、8H、9I、11K 组成，如图 7-15 所示：

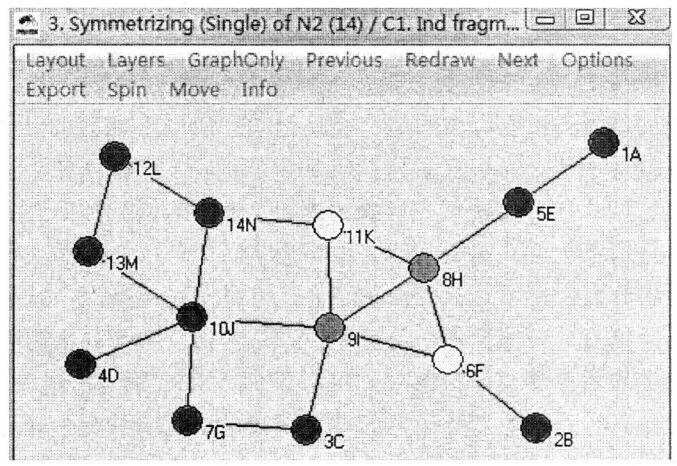

图 7-15　认知地图在 Pajek 中的群落（Cliques）分析

由于群落的凝聚力甚至比强组合的凝聚力还强，故而节点 6F、8H、9I、11K 表现出高度的凝聚力，其间的互动比较频繁，是决策者们应该深入了解、不可偏废的重要节点,这与前面域分析、中心性分析等得到的结论不谋而合。

(4)在作自我网络分析时,最终的输出结果如图 7-16 所示。

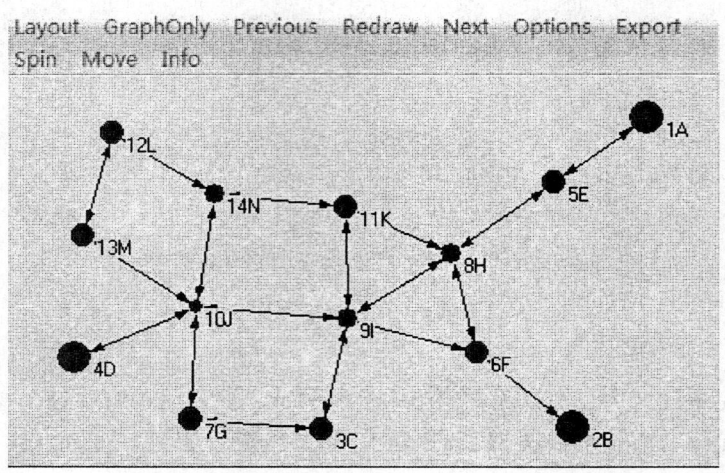

图 7-16　认知地图在 Pajek 中的自我网络分析

一般来说,一个节点的 ego-network 会紧密地聚在一起,但因为这个网络中是没有有向的完全三元体的,所以很难看出明显的效果,也就是说这个网络的结构洞(structure hole)非常多。这完美地印证了第 5 章"结构洞往往在弱连接之间更容易形成"的结论。

自我网络有着高的限制力,结构洞多意味着限制力小。可以看出,图中节点大小不一,节点越小表示它的限制力越大,这个限制力只是大概值,是根据每个节点的位置估算的。考虑到限制力在认知地图中的延伸意义,当该中心点对某邻近点有较高的限制力时,表示中心点和该邻近点有很多的替代路径,维持中心点和邻近点的直接连线的重要性就越低,反而限制力小的中心点与周围临近点的直接连线则是不可忽略的。

(5)Pajek 是根据节点的重要性进行分级(ranking)的,也就是根据节点之间的连通性聚类(cluster),每个节点都会有自己所

7 实证研究：企业直觉决策情境下的认知地图管理方案构建

属的 cluster。一种方法是利用节点之间形成三元体的情况分 cluster。有向网络中的三元体形式有 16 种，这些三元体可以划归到不同的模型中，Pajek 的分类有 Balance、Clusterability、Ranked Clusters、Transitivity、Hierachial Clusters、No Balance-Theoretic Model（"Fobbiden"）6 种。表 7-5 是 Pajek 可以根据该网络中各节点形成三元体的情况进行分析的最终结果。

表 7-5　认知地图在 Pajek 中的分级（ranking）结果

Type	Number of triads (ni)	Expected (ei)	(ni-ei)/ei	Model
3-102	0	7.04	-1.00	Balance
16-300	0	0.00	-1.00	Balance
1-003	186	194.87	-0.05	Clusterability
4-021D	4	7.04	-0.43	Ranked Clusters
5-021U	12	7.04	0.70	Ranked Clusters
9-030T	2	1.55	0.29	Ranked Clusters
12-120D	0	0.08	-1.00	Ranked Clusters
13-120U	0	0.08	-1.00	Ranked Clusters
2-012	142	128.33	0.11	Transitivity
14-120C	0	0.17	-1.00	Hierarchical Clusters
15-210	0	0.02	-1.00	Hierarchical Clusters
6-021C	18	14.08	0.28	Forbidden
7-111D	0	1.55	-1.00	Forbidden
8-111U	0	1.55	-1.00	Forbidden
10-030C	0	0.52	-1.00	Forbidden
11-201	0	0.08	-1.00	Forbidden

根据 (ni-ei)/ei 的值来判断，这个值越大，整个网络就越倾向于对应的 Model，所以这个网络的模型是 Ranked Clusters

(0.70),而 Ranked Clusters 的特征是同一个 Cluster 中的节点之间的连线数量没有限制,并且只有从低一级的节点指向高一级节点的连线。从其中该认知地图表现出的两种 Ranked Clusters Model 形式 5-021U、9-030T 入手,可以管窥该有向网络的基本构成。

7.2.2.2 ANP 方法及结论

如上文所述,ANP 方法对认知地图进行分析,可以综合衡量影响因素之间的直接影响、间接影响和自作用影响,以得到对于最终目标(goal)的组合影响(combined effect)。不同于 AHP 方法的简单的线性递归计算,ANP 经过了初始超矩阵(initial super matrix)设定、与等规模单位矩阵相减并求逆矩阵这一系列矩阵变换以得到极限矩阵。

在初始矩阵设定时,作者利用了前面已有的通过调查得到的权重,但是这种权重是通过各影响因素之间两两衡量得到的,而不是像 ANP 方法中是通过各影响因素与最终目标(Goal)一一比较而得到的,这就存在如下问题:(1)原有权重要归一化以符合超矩阵内部和为 1 的要求;(2)对于只有单一连接的后继节点应当加上自影响系数;(3)对于同一层级的交互影响应该与上下层级的影响联系起来进行综合考虑。原则上,作者认为既是一种分析手段,就应当充分利用已有数据。故而作者解决方式如下,举例说明:(1)节点 13、9、4、7 对于节点 10 的因果强度分别为 0.75、0.63、0.88、0.88,归一化后分别为 0.239、0.201、0.280、0.280;(2)对于节点 12、6、5 除去已有的前驱节点的因果关系强度,分别设定 0.56、0.62、0.37 为其自影响系数;(3)同一层级的节点 9 对于节点 8 的影响以及下一层级节点 6 与节点 5 对于节点 8 的影响应当综合起来归一化,即节点 9 对于节点 8 的影响强度为 0.38 不变,节点 6、5 对于其强度按剩余比例分别为 0.395、0.225。经由上述解决方式,得到初始矩阵 W 如表 7-6、表 7-7、表 7-8。

经由上述变换公式 $W_f = (I-W)^{-1}$,我们得到了各级节点对于目标节点(goal)的组合影响系数,如表 7-8 中 14N 所在的一列黑体加粗数字所示。对于上述结果可以进行帕累托分析如表 7-9 所

7 实证研究：企业直觉决策情境下的认知地图管理方案构建

表 7-6 初始矩阵 W

	14N	10J	11K	12L	13M	9I	4D	7G	8H	3C	6F	5E	2B	1A
14N	0	0	0	0	0	0	0	0	0	0	0	0	0	0
10J	0.379	0	0	0	0	0	0	0	0	0	0	0	0	0
11K	0.379	0	0	0	0	0	0	0	0	0	0	0	0	0
12L	0.242	0	0	0.56	0	0	0	0	0	0	0	0	0	0
13M	0	0.239	0	0.44	0	0	0	0	0	0	0	0	0	0
9I	0	0.201	0.302	0	0	0	0	0	0.38	0	0	0	0	0
4D	0	0.28	0	0	0	0	0	0	0	0	0	0	0	0
7G	0	0.28	0	0	0	0	0	0	0	0	0	0	0	0
8H	0	0	0.698	0	0	0	0	0	0	0	0	0	0	0
3C	0	0	0	0	0	0.745	0	0	0.395	0	0	0	0	0
6F	0	0	0	0	0	0.255	0	0	0.225	0	0.62	0	0	0
5E	0	0	0	0	0	0	0	0	0	0	0	0.37	0	0
2B	0	0	0	0	0	0	0	0	0	0	0.38	0	0	0
1A	0	0	0	0	0	0	0	0	0	0	0	0.63	0	0

表 7-7 单位阵与初始矩阵 W 的差 (I-W)

	14N	10J	11K	12L	13M	9I	4D	7G	8H	3C	6F	5E	2B	1A
14N	1	0	0	0	0	0	0	0	0	0	0	0	0	0
10J	-0.379	1	0	0	0	0	0	0	0	0	0	0	0	0
11K	-0.379	0	1	0	0	0	0	0	0	0	0	0	0	0
12L	-0.242	0	0	0.44	0	0	0	0	0	0	0	0	0	0
13M	0	-0.239	0	-0.44	1	0	0	0	0	0	0	0	0	0
9I	0	-0.201	-0.302	0	0	1	0	0	-0.38	0	0	0	0	0
4D	0	-0.28	0	0	0	0	1	0	0	0	0	0	0	0
7G	0	-0.28	0	0	0	0	0	1	0	0	0	0	0	0
8H	0	0	-0.698	0	0	0	0	0	1	0	0	0	0	0
3C	0	0	0	0	0	0	0	0	-0.395	1	0	0	0	0
6F	0	0	0	0	0	-0.745	0	0	-0.225	0	1	0	0	0
5E	0	0	0	0	0	-0.255	0	0	0	0	0.38	0.63	0	0
2B	0	0	0	0	0	0	0	0	0	0	-0.38	0	1	0
1A	0	0	0	0	0	0	0	0	0	0	0	-0.63	0	1

表 7-8　最终的极限矩阵 W_f

	14N	10J	11K	12L	13M	9I	4D	7C	8H	3C	6F	5E	2B	1A
14N	1	0	0	0	0	0	0	0	0	0	0	0	0	0
10J	0.379	1	0	0	0	0	0	0	0	0	0	0	0	0
11K	0.379	0	1	0	0	0	0	0	0	0	0	0	0	0
12L	0.55	0	0	2.2727	0	0	0	0	0	0	0	0	0	0
13M	0.33258	0.239	0	1	1	0	0	0	0	0	0	0	0	0
9I	0.29116	0.201	0.56724	0	0	1	0	0	0.38	0	0	0	0	0
4D	0.10612	0.28	0	0	0	0	1	0	0	0	0	0	0	0
7C	0.10612	0.28	0	0	0	0	0	1	0	0	0	0	0	0
8H	0.26454	0	0.698	0	0	0	0	0	1	0	0	0	0	0
3C	0.21692	0.14975	0.42259	0	0	0.745	0	0	0.2831	1	0	0	0	0
6F	0.47037	0.13488	1.1062	0	0	0.67105	0	0	1.2945	0	2.6316	0	0	0
5E	0.09448	0	0.24929	0	0	0	0	0	0.35714	0	0	1.5873	0	0
2B	0.17874	0.051255	0.42036	0	0	0.255	0	0	0.4919	0	1	0	1	0
1A	0.05952	0	0.15705	0	0	0	0	0	0.225	0	0	1	0	1

示，即对于总体影响大于70%的因素归为A类，总体影响小于5%的因素归为C类，其他归为B类。

表7-9　　　　　　　　　各因素的帕累托排序

A类		B类		C类	
12L	0.55	8H	0.26454	5E	0.09448
6F	0.47037	3C	0.21692	1A	0.05952
11K	0.379	2B	0.17874		
10J	0.379	7G	0.10612		
13M	0.33258	4D	0.10612		
9I	0.29116				

可以看出，在引入数值分析之后，"环境污染程度"（12L）、"产能过剩率"（6F）、"市场竞争力"（11K）、"平均能耗"（10J）、"CO_2排量"（13M）、"管理创新程度"（9I）被认为是影响可持续发展能力的重点指标，这里不像常规分析里的由结构或者说位置而导致的结论，但是究其背景——"低碳经济环境"，上述词汇处于帕累托排序的A类，表明决策者对于情境的把握有着比较准确的直觉。举例说明，产能过剩在此被提到一个新的高度，而资源外交渠道由于定性推理的间接性导致论证链冗长，显得无碍大局。按照帕累托分析的思路，可以继续将各因素按照紧急程度或者内部可控程度等排序，以获得管理控制的高效和程序化。

总的来说，ANP这种计算分析方式引入了数据，但不完全利用了数据，因为有数据的比例化，并且不考虑正负，这种分析方式正是常规分析向仿真分析的过渡，符合分析方法的定量化演进趋势。

7.2.2.3　仿真方法及结论

前面通过质性研究方法形成了单个因素之间、相邻层次之间，直至整个认知地图的因果联系，通过FCM即数值模糊化的认知地图可以有效地解决包含因果连接体系的动态仿真。仿真方法旨在通

7 实证研究：企业直觉决策情境下的认知地图管理方案构建

过对模型的迭代运算和分析，帮助决策者更清楚地捕捉驱动因素对目标影响的范围、大小，从而发现更多有效的目标改善途径。

在确定了影响矩阵 W 及其数值后，决策者需要对各因素的当前状态值（Current State）即初始矩阵进行测量，得到初始输入向量为 S1。在此，仅说明专家调查法得到初始矩阵的方法，专家根据已有的认知或标杆方法得到当前状态值，即对认知地图内各因素的横向比较与对外各因素与其他企业的纵向比较加以综合考量来得出。事实上，这种当前状态值具有主观性，但却并不影响仿真方法的科学性，因为在可以允许的范围内，只要不出现极限环或混沌状态，其仿真的结果是一致的，并不受初始矩阵的影响。本书中初始向量 S1 =（0.7，0.6，0.7，0.8，0.8，0.7，0.6，0.7，0.5，0.6，0.4，0.7，0.8，0.4）。

将向量 S1 的值代入 FCM 迭代公式进行运算，可以得到 S2，S3，…，基于此规则进行类推，直到模型达到均衡状态 S29 = S28（程序设置的终止条件为：向量 C 的相邻两次计算结果之差的 2 次范数（即两次结果的欧氏距离） < 0.0001，最大迭代次数设置为 50 次。程序在迭代 30 次后满足条件而终止）。经由 Matlab 编程并计算，复杂非线性 FCM 的迭代过程及均衡状态如表 7-10 所示。

表 7-10 给出了本认知模型体系中各个因素在初始时刻的状态值及其迭代的过程，通过 FCM 基于时间的动态迭代，企业可以预见武钢集团的可持续发展能力以当前的水平在未来会达到一个稳定的均衡状态，通过各个层次中的影响因素相互作用产生的推理结果，企业可以对未来影响可持续发展能力的因素变化做出预测，如表 7-11 所示。

由表 7-11 可知，经多次迭代后节点 9、11、14 的现状会大幅增长，而节点 5、8 的现状会大幅减少——这表明随着时间的变化，据已有的现状来看，按照专家群体的认知模型，管理创新程度（9I）、市场竞争力（11K）、可持续发展能力（14N）会取得长足进展，而资源价格（5E）和利润率（8H）将会急剧下跌。这映射出现实情境下的许多问题，个中缘由下面仅作分析说明：无论是大幅增还是减，都表明因素对于时间的敏感程度即高效的变化趋势，

表 7-10　复杂非线性 FCM 的迭代过程及均衡状态

	1A	2B	3C	4D	5E	6F	7G	8H	9I	10J	11K	12L	13M	14N
S1	0.7	0.6	0.7	0.8	0.8	0.7	0.6	0.7	0.5	0.6	0.4	0.7	0.8	0.4
S2	0.97069	0.95257	0.97069	0.98201	0.85754	0.91373	0.99454	0.34751	0.96691	0.99506	0.9976	0.99483	0.98201	0.39413
S3	0.9926	0.99153	0.99226	0.99268	0.77382	0.9404	0.99967	0.06981	0.99773	0.99615	0.99976	0.9992	0.99268	0.39953
S4	0.99304	0.99302	0.99304	0.99306	0.67776	0.94365	0.9997	0.0213	0.9981	0.99605	0.99926	0.99924	0.99306	0.40446
S5	0.99307	0.99307	0.99307	0.99307	0.56481	0.94435	0.9997	0.02097	0.9981	0.99605	0.99908	0.99924	0.99307	0.41003
S6	0.99307	0.99307	0.99307	0.99307	0.42455	0.94453	0.9997	0.02749	0.9981	0.99605	0.99907	0.99924	0.99307	0.41662
S7	0.99307	0.99307	0.99307	0.99307	0.36788	0.94458	0.9997	0.03979	0.9981	0.99605	0.9991	0.99924	0.99307	0.42464
S8	0.99307	0.99307	0.99307	0.99307	0.14322	0.94459	0.9997	0.0612	0.9981	0.99605	0.99915	0.99924	0.99307	0.43449
……														
S28	0.99307	0.99307	0.99307	0.99307	0.05435	0.9446	0.9997	0.19237	0.9981	0.99605	0.99957	0.99924	0.99307	0.88464
S29	0.99307	0.99307	0.99307	0.99307	0.05435	0.9446	0.9997	0.1925	0.9981	0.99605	0.99957	0.99924	0.99307	0.88475
S30	0.99307	0.99307	0.99307	0.99307	0.05435	0.9446	0.9997	0.19259	0.9981	0.99605	0.99957	0.99924	0.99307	0.8848
S31	0.99307	0.99307	0.99307	0.99307	0.05435	0.9446	0.9997	0.19267	0.9981	0.99605	0.99957	0.99924	0.99307	0.88483

7 实证研究：企业直觉决策情境下的认知地图管理方案构建

表 7-11　对未来影响可持续发展能力的因素变化的预测

	1A	2B	3C	4D	5E	6F	7G	8H	9I	10J	11K	12L	13M	14N
预测	↑	↑	↑	↑	↓	↑	↑	↓	↓	↑↑	↑	↑↑	↑	↑↑

可以发现资源价格的跌幅与前面三者的巨大涨幅一样对管理者来说是喜闻乐见的。但是，对于利润率急剧下跌这一仿真结果，我们不得不引起足够的重视，其在低碳经济新情境下受到资源价格、产能和管理创新等多重制约，这也正是我们的现实情境和对于未来的模拟，提醒我们加大改革力度，运用多重管制，转变发展方式，直面低碳现实，即使短期内企业由于导入成本以及发展惯性导致利润率下降，但是为了企业长远的可持续发展目标，企业应该勇敢渡过暂时的难关。

为更加直观地了解到迭代的过程，辨析状态变化过程中的急缓、拐点等情况，借鉴"What-If"场景分析的经验，作者将以迭代次数为横轴，状态点的数值为纵轴，描绘出由初始矩阵给出的数值（视迭代次数为0）经 N 次迭代的光滑平缓曲线如图 7-17 所示：

N=5 时，

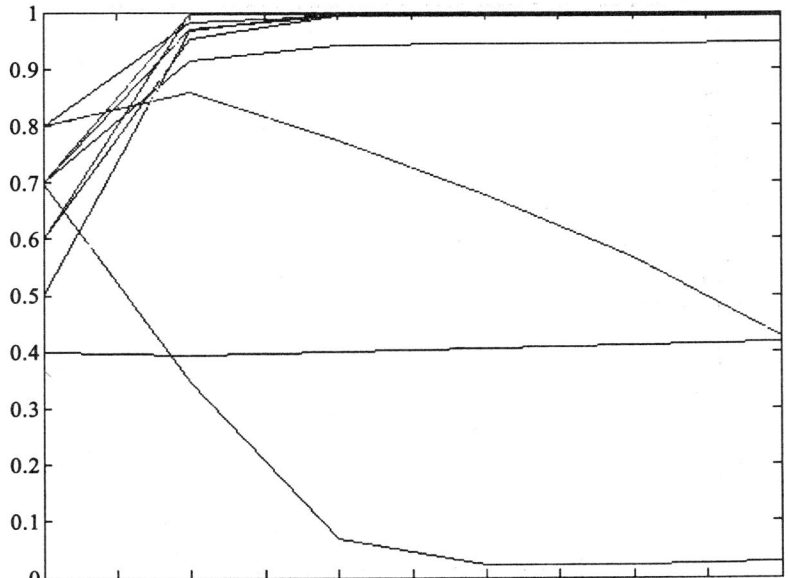

N = 15 时,

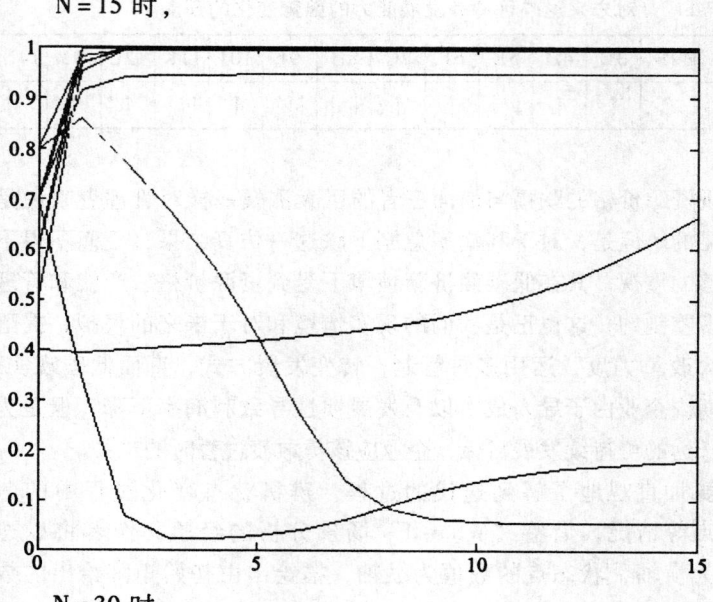

N = 30 时,

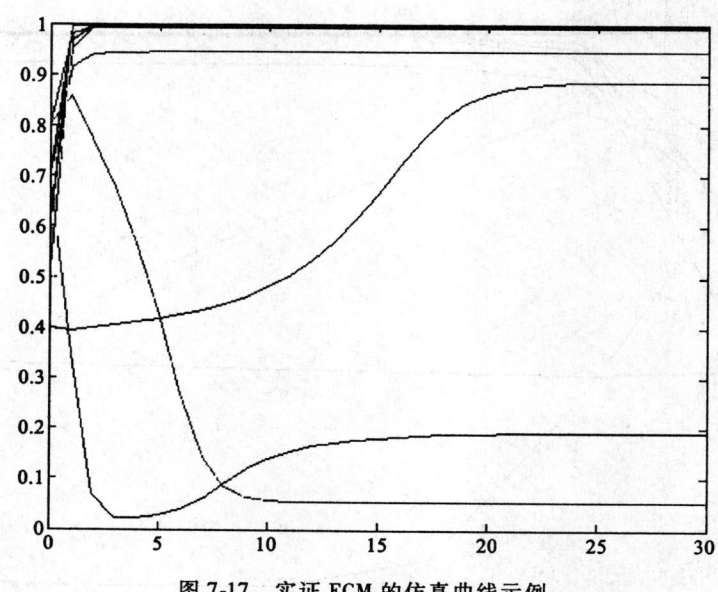

图 7-17 实证 FCM 的仿真曲线示例

可以发现，绝大多数节点极早地得到了收敛，而资源价格（5E）先经历了短暂上升后急剧下降，利润率（8H）先急剧下降后缓慢回升，可持续发展能力（14N）则呈现出一个"S"形的柔缓增长曲线。这些鲜明的特征贴切地符合了现实情况，由市场规律使然的资源价格和利润率伴随着政策的逐渐深入和发展方式的转变会呈现出变化的大趋势，至于拐点的出现则是因为内外部调控存在时间差引起的，正如生物欲适应新环境要产生基因突变一样。进一步发现，资源价格的拐点先于利润率的拐点，这与前后者之间存在的定性推理关系是密不可分的。而对于可持续发展能力来说，受访者的结果表明武钢集团正走在一条可持续发展之路上，但仿真结果表明着眼于目前，其发展形势依然严峻，表现在第五次甚至第十次迭代时其现状基本没有太大改观，这符合事物发展的一般规律，也需要提请广大管理决策者的清醒认知。

8 结 束 语

8.1 总结

鉴于企业隐性知识普遍存在的现状、企业隐性知识管理的重要性，本书提出一种新的隐性知识管理的工具、流程与体系——认知地图。基于认知地图的隐性知识管理主要是利用认知地图针对个人或组织的认知型隐性知识的表达与共享，并对这一隐性知识的载体从内容到形式上进行多层面的分析，以期为企业决策者提供融逻辑性和计算性为一体的图解思维框架，实现一般实际情境下的直觉决策支持。本书从认知地图的本质属性入手，展开对认知地图研究方法论基础以及拓宽其应用领域的思考。主要观点如下：

（1）认知地图可以作为一种隐性知识表达工具，主要应用在战略性知识的映射上。它通过因果连接，建立起多个实体之间的关系，方便表达人大脑中的隐性知识。

（2）认知地图作为一种隐性知识共享工具，从个人认知地图到组织认知地图通过质性构建过程和基于算法的合并、分解过程来实现。

（3）认知地图作为一种决策支持工具，满足决策中的知识构建过程包括问题表征、信息获取和解释、信息整合及知识表达四个阶段所需，提高企业决策效率。

本书最后将认知地图作为一套体系化的工具与流程，引入大型国有企业隐性知识管理，提出符合中国知识管理模式的具有针对性的隐性知识管理方案。将基于认知地图的隐性知识管理方案的应用情境设定为企业直觉决策情境，并且将仿真分析、软运筹学、概念网络方法率先引入分析领域，使其具备计算的意义。

虽然本书引入了认知地图的思想来帮助企业表达与共享隐性知识，帮助企业管理者迅速作出管理决策，但是新方法引入时如何克服组织的思想、制度与文化等诸多障碍，仍然是今后需要思考的问题。另外，将半结构化的认知地图存储为结构化数据以支持组织记忆有待突破——将认知地图得到的决策结果用于组织记忆存储，建立基于案例推理的决策支持系统，在智能信息的表示与存储理论及软件设计方法的引入上有待在将来的研究中解决。

8.2 应用建议及前景展望

鉴于实证中基于认知地图的隐性知识管理方案的引入存在着一些问题，谨予说明，作为进一步的应用建议和研究的前景展望：

（1）认知地图的研究范围及适用对象——因为隐性知识存在着技术性和认知型的分类，作者认为认知地图更适合于承载认知型隐性知识。正因为隐性知识是情境依赖的，故而认知地图也应当是范囿于具体的情境的。比起专家个人的隐性知识，认知地图对于研究组织隐性知识显得更有效力和意义。它尤其适用于存在大量异构问题（ill-structured problem）的现代企业，强调通过优化组织沟通形式与程序来激发群体认知，而此处的企业还可以生发成为政府机关、科研机构、非正式组织等。

（2）因果映射会议的权力性——所谓因果映射的权力性，是指群体因果映射的开展需要自上而下的行为动因，需要会议领导者以实现实时的脑力激荡，否则会无法开展。而对于其替代做法，正如本书那样，是将各人的认知进行合并以得到群体认知，显得无效率。作为研究人员，无法具备领导者权力，只能基于个人的访谈映射，缺乏了组织沟通与计算机的可视化辅助，而这点可以在因果映射会议中得到弥补。

（3）绘制认知地图的先后问题——这实质是交互提取认知地图（Interactively Elicited Causal Maps）和文本提取认知地图（Text

Based Causal Maps）的问题。对于领导者接受意识良好、组织沟通顺畅、计算机辅助设施完备的现代企业来说，绘制认知地图就应该在因果映射会议上实时完成，即实时增删节点或连接以达到交互提取认知地图的目的。然而，这种使用程度的达到，是需要时间成本、培训成本以及投入成本的。在认知地图的管理方案的试验或引入阶段，我们应当集思广益，广泛听取企业相关人员的意见，以半结构化访谈的方式获取群体认知，继而基于文本提取认知地图。其实，我们可以综合利用各种已有的问题分析方法如 AHP、决策树、鱼骨图、贝叶斯网络等转换成为认知地图。

（4）定量化不足与定性推理之争——由于认知地图的建构性，其定性推理的本质难掩定量化的不足。在实际应用中，由于同领域内的不同专家不仅可能对因素之间的因果影响大小有不同的判断，而且对其因果关系正负或存在与否也可能有不同的理解，因而会形成在结构和内容上完全不同的 FCM。在未来的研究中要对这种情况给予充分考虑，可以通过更复杂的情景假设（Scenario Assumption）对结构不同的 FCM 进行有效的合并和拓展分析来进行。另外，由于缺少大量的数据支持，ANP 分析方法的实施受到了局限，同时本书没有能够在仿真分析中进行更深入的敏感性分析（sensitivity analysis），缺少了更多关于影响因素变动造成的概念模型整体变动大小的定量化管理决策信息，而这种较之 ANP 分析的贡献程度更为动态。

附 件

附件一

关于武钢可持续发展的
认知地图的权重的调查问卷

问卷时间：2010 年__月__日

一、问题描述

此调查问卷以低碳经济环境下武钢可持续发展的自我认知为调查目标，对其多种影响因素及因素之间的因果关系使用认知地图方法进行描述和分析，经由武钢集团相关专家访谈讨论，得出其认知模型如图1。

此调查问卷的目的在于确定关于武钢可持续发展的认知地图内部各影响因素之间的因果关系的权重。调查问卷是根据对具有箭头指向联系的影响因素的因果关系进行衡量比较得出权重。

二、问卷说明

如图1所示，专家已经给出权重的正负，为相对精确地表达您对某个因果联系的看法，我们设定了区间而不是单一的数值来确定权重——衡量尺度一般划分为五个区间，分别是 0、（0，0.25］、（0.25，0.5］、（0.5，0.75］、（0.75，1）和（-1，-0.75）、[-0.75，-0.5）、[-0.5，-0.25）、[-0.25，0）、0。

为解释权重即因果关系强度的意义，举例说明，基于关于公共

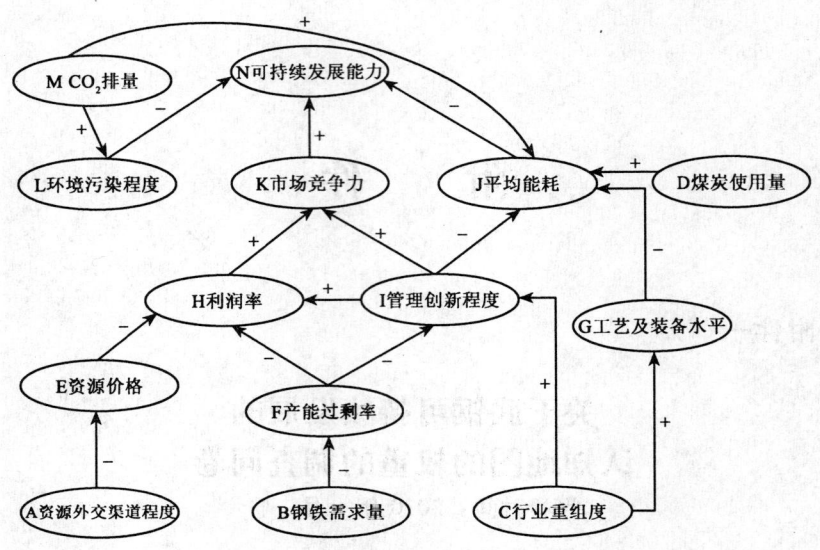

图1 关于武钢可持续发展的认知地图

健康研究的模糊认知地图的一项现有研究,如图2所示:

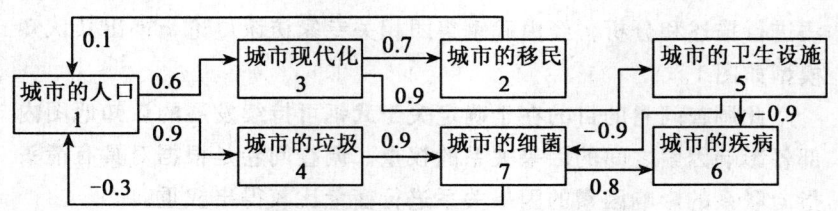

图2 关于公共健康研究的模糊认知地图

  城市人口的增长会导致城市现代化水平的提高,程度为0.6,即为因果关系强度;城市现代化水平的提高会导致城市移民的增多,程度为0.7;城市移民的增多会进一步导致城市人口的增长,程度为0.1;同时,城市细菌的增多会导致城市人口的减少,程度为0.3(权重标为-0.3),同理,城市的卫生设施的增多会导致城市细菌的减少,程度为0.9(权重标为-0.9),其他权重意义类推。

为得到上述权重值,我们会要求您在如下的表格中根据您的看法,在对应方格中打钩(√)即可。

样表(1)

1	因果关系强度					3
	0	(0, 0.25]	(0.25, 0.5]	(0.5, 0.75]	(0.75, 1)	
城市的人口						城市现代化

样表(2)

7	因果关系强度					1
	(-1, -0.75)	[-0.75, -0.5)	[-0.5, -0.25)	[-0.25, 0)	0	
城市的细菌						城市的人口

三、问卷内容

由于研究者定义了诸多概念,在此一一说明:

影响因素	说明
A 资源外交渠道程度	指的是集团对于铁矿石资源的获取渠道的数量、质量、交易价格优势等
B 钢铁需求量	略
C 行业重组度	指的是集团的规模、行业地位、对市场准入的影响等
D 煤炭使用量	略
E 资源价格	略
F 产能过剩率	指的是集团钢铁产能过剩的行业相对比率
G 工艺及装备水平	略
H 利润率	略

续表

影响因素	说明
I 管理创新程度	指的是集团在钢铁生产过程中低碳经济这方面的自主创新现状和制度准备
J 平均能耗	略
K 市场竞争力	指的是集团整体的竞争力评估指数
L 环境污染程度	指的是集团对于环境的可量化污染程度
M CO_2 排量	指的是钢铁生产加工流程中的 CO_2 排放量
N 可持续发展能力	指的是集团在低碳经济环境下的可预见的可持续发展能力

	因果关系强度1					
A	(−1, −0.75)	[−0.75, −0.5)	[−0.5, −0.25)	[−0.25, 0)	0	E
资源外交渠道程度						资源价格
	因果关系强度2					
B	(−1, −0.75)	[−0.75, −0.5)	[−0.5, −0.25)	[−0.25, 0)	0	F
钢铁需求量						产能过剩率
	因果关系强度3					
C	0	(0, 0.25]	(0.25, 0.5]	(0.5, 0.75]	(0.75, 1)	I
行业重组度						管理创新程度
	因果关系强度4					
C	0	(0, 0.25]	(0.25, 0.5]	(0.5, 0.75]	(0.75, 1)	G
行业重组度						工艺及装备水平

续表

	因果关系强度5					
D	0	(0, 0.25]	(0.25, 0.5]	(0.5, 0.75]	(0.75, 1)	J
煤炭使用量						平均能耗
	因果关系强度6					
E	(-1, -0.75)	[-0.75, -0.5)	[-0.5, -0.25)	[-0.25, 0)	0	H
资源价格						利润率
	因果关系强度7					
F	(-1, -0.75)	[-0.75, -0.5)	[-0.5, -0.25)	[-0.25, 0)	0	H
产能过剩率						利润率
	因果关系强度8					
F	(-1, -0.75)	[-0.75, -0.5)	[-0.5, -0.25)	[-0.25, 0)	0	I
产能过剩率						管理创新程度
	因果关系强度9					
G	(-1, -0.75)	[-0.75, -0.5)	[-0.5, -0.25)	[-0.25, 0)	0	J
工艺及装备水平						平均能耗
	因果关系强度10					
H	0	(0, 0.25]	(0.25, 0.5]	(0.5, 0.75]	(0.75, 1)	K
利润率						市场竞争力
	因果关系强度11					
I	0	(0, 0.25]	(0.25, 0.5]	(0.5, 0.75]	(0.75, 1)	K
管理创新程度						市场竞争力

续表

	因果关系强度12					
I	0	(0, 0.25]	(0.25, 0.5]	(0.5, 0.75]	(0.75, 1)	H
管理创新程度						利润率

	因果关系强度13					
I	(-1, -0.75)	[-0.75, -0.5)	[-0.5, -0.25)	[-0.25, 0)	0	J
管理创新程度						平均能耗

	因果关系强度14					
K	0	(0, 0.25]	(0.25, 0.5]	(0.5, 0.75]	(0.75, 1)	N
市场竞争力						可持续发展能力

	因果关系强度15					
M	0	(0, 0.25]	(0.25, 0.5]	(0.5, 0.75]	(0.75, 1)	L
CO_2排量						环境污染程度

	因果关系强度16					
L	(-1, -0.75)	[-0.75, -0.5)	[-0.5, -0.25)	[-0.25, 0)	0	N
环境污染程度						可持续发展能力

	因果关系强度17					
M	0	(0, 0.25]	(0.25, 0.5]	(0.5, 0.75]	(0.75, 1)	J
CO_2排量						平均能耗

	因果关系强度18					
J	(-1, -0.75)	[-0.75, -0.5)	[-0.5, -0.25)	[-0.25, 0)	0	N
平均能耗						可持续发展能力

问卷结束，感谢您百忙之中的合作！

附件二

访 谈 提 纲

1. 低碳经济环境对于武钢集团带来了什么重大问题和挑战？
2. 为保持武钢集团在低碳经济环境下的可持续发展，我们应该把握哪些基本问题？
3. 为解决以上基本问题，我们已有哪些可以借鉴的好的做法？
4. 在上述方法的导入过程中，有什么特定的目标或目的？
5. 这种好的案例方法中，遇到了哪些障碍，使用了什么技术、工艺或策略？

附件三

访谈结果原始资料汇编

1. 我们理解的低碳经济，是指在不影响经济发展的前提下，通过技术创新和制度创新，降低能源和资源消耗，尽可能最大限度地减少温室气体和污染物的排放……

2. 对于大部分发展中国家而言，钢铁产量是直接影响二氧化碳排放的主要原因，而这一现象在我国钢铁工业上表现得尤为突出。

3. 我国现在所处的社会经济发展阶段，决定了我国必须较强地依赖于低廉的煤炭，作为社会经济发展的主要能源，这极大地加重了我国的温室气体减排所面临的压力和挑战……

4. 中国国内过剩的产能降低利润率，阻碍创新……

5. 钢企如果想成为业界翘首，除了节能减排措施之外，碳交易价格的定价权对钢企的长足发展和提振企业士气都起着重要作用……

6. 钢铁企业应该从各工序着手，尽可能采用先进技术、工艺和先进设备及新材料，挖掘潜能，减少用能量，提高能源的重复利用率……

7. 从发展循环经济的角度来看，制约钢铁工业可持续发展的因素主要表现在资源利用效率、能源消耗和环境污染方面……资源利用效率及能源消耗受直接和间接两种因素的影响，工艺及技术装备水平直接影响资源利用效率及能源消耗，而产品结构、钢铁产业布局、钢铁产业集中度及原材料供应将间接影响资源利用效率及能源消耗……

8. 问题不在于技术本身，而在于能源效率较低的技术所沉淀的大量资本投入……

9. 国家大力支持钢铁行业重组并购……在中国提出的减排目标中，中国明确提出不依靠碳交易的方式实现减排目标……

10. 通过结构调整、技术革新和改善管理等途径，实现节能减排的余地较大……

11. 随着能源价格的节节升高，余热余压利用的投资回报逐渐被人们认可……

12. 2010年以来，世界经济基本面逐步好转，再加上美元贬值，包括原油、铁矿石在内有诸多资源性商品价格再度上涨……

13. 对钢铁这种产能过剩行业，国家有关部门将原则上不再批准扩大产能的项目……

14. 产能过剩问题虽然存在，但国内需求的快速回升有助于缓解产能过剩压力……

15. 从高碳到低碳，是一个庞大复杂的系统工程，必须循序渐进，只要符合低碳经济的"最少和最大"内涵要求，就不应该完全排斥技术先进的高能耗的产业和产品……

16. 其实，像干熄焦这类余热回收利用技术和设备，对提高钢铁行业的能源利用效率以及节能减排有很大的促进作用……

17. 2010年应该说，电力、钢铁、建材、化工产量都在增加，而且增加的幅度比煤炭的增加幅度高，加上气候的因素，所以市场上煤炭资源就相对要紧张一些，特别是一些质量好的，像焦煤、无烟煤，还有发热量高的动力煤，这样价格上由于受销售的影响，有所上扬……

18. 世界上先进的清洁能源生产方案，与传统技术、设备相比，不仅能高效利用资源，还能降低企业成本……

19. 碳是钢铁冶金过程能量流与物质流的主要载体之一。矿石依靠焦炭还原成铁水……而钢铁工业过程主要排放物是CO_2……高炉是钢铁生产中CO_2的主要排放工序，直接和相关排放超过钢铁工业总排放量的90%。由于装备及工艺技术改进，钢铁工业的CO_2排放量与20世纪70年代相比已降低了约……

20. 一旦市场好起来，产量就会迅速上升，钢价仍然可能会被打压下来……

21. ……中国的工业化还没有完成，需要大量的铁矿石等基础原料。我们正在走出去，但主要还是资源外交……

22. 可以说，技术进步始终是钢铁工业发展的推动力。但是，铁矿资源、水资源、能源的严重短缺和环境负荷的不断加重一直是限制钢铁工业发展的关键因素……

23. ……分析能耗上升的原因，钢铁生产所有先进的能耗指标均需要有一定技术条件来支撑……以煤为主的能源结构决定了能效水平先天不足……钢铁生产流程的各个工序需要大量消耗水……钢铁企业可回收的二次能源量是企业总能耗15%~20%……

24. ……同样，与钢铁业息息相关的煤炭、焦炭、铁合金、油、电等钢铁原料燃料业也将受到低碳经济的冲击……

25. 节能，从两方面看，一方面是从减少能耗，另一方面是采用新能源技术……减排也是一样……至于如何"更有效地控制资源消耗，更合理地利用新型能源，更集中地排放温室气体，更高效地开发尖端技术"，最直观的办法就是加快我国钢铁行业整合重组步伐……

26. 一般而言，从矿石，煤进入高炉炼铁，以及将铁水进入转炉进行炼钢的过程中，所排放的 CO_2 最多，所以重点进行低碳就是在这个环节进行减少 CO_2……也就是在焦化和烧结阶段。

27. 钢铁企业是低碳大户，潜力巨大……钢铁产业产量过剩导致竞争力缺乏……

28. 节能减排，在短期是加大成本，长期才是降低成本，而成本包括投入成本和运行成本……

29. 现在矿石进价贵，成本高……

30. 在武钢炼钢炼铁过程中，炼铁工序是节能减排的重点，排放的 CO_2 占70%，压力差可以进行发电，余热进行烧结，废气（收集、回收）二次利用。节能环保，烧结排放 CO_2 大……

31. ……推动钢铁生产排泄物资源化和环境化，提高资源利用水平……

32. ……提高钢铁企业循环经济规模降低生产成本，增加经济效益……

33. ……提高钢铁企业生态环境质量提升企业竞争力……

参 考 文 献

[1] ［美］彼得·F. 德鲁克（Peter F. Drucker）著，傅振焜译. 后资本主义社会［M］. 北京：东方出版社，2009.

[2] 马费成，宋恩梅. IRM-KM 范式与情报学发展研究［M］. 武汉：武汉大学出版社，2008.

[3] 陈洪澜. 知识分类与知识资源认识论［M］. 北京：人民出版社，2008.

[4] 吕晓俊. 心智模型的阐释：结构、过程与影响［M］. 上海：上海人民出版社，2007.

[5] 辛自强. 知识建构研究：从主义到实证［M］. 北京：教育科学出版社，2006.

[6] 黄荣怀，郑兰琴. 隐性知识论［M］. 长沙：湖南师范大学出版社，2007.

[7] 刘则渊，陈悦，侯海燕等著. 科学知识图谱——方法与应用［M］. 北京：人民出版社，2008.

[8] ［美］迈尔斯，休伯曼著，张芬芬译. 质性资料的分析：方法与实践［M］. 第 2 版. 重庆：重庆大学出版社，2008.

[9] ［英］维洛尼克·安布罗西尼著，詹正茂，陈婷婷，曹舒弢等译. 隐性资源：企业赢得持续竞争优势的源泉［M］. 北京：经济管理出版社，2006.

[10] 殷瑞钰. 钢铁工业是发展循环经济的优先切入点——钢铁工业发展循环经济的有效模式与途径［M］//钢铁企业发展循环经济研究与实践. 北京：冶金工业出版社，2008：42.

[11] 杰夫·科伊尔著，常东亮，王春利译. 战略实务：结构化的

工具与技巧［M］．北京：中国人民大学出版社，2005．

［12］彼得·圣吉著，郭进隆译．第五项修炼——学习型组织的艺术与实务［M］．上海：三联书店，2004．

［13］高隽．智能信息处理方法导论［M］．北京：机械工业出版社，2004．

［14］［新西兰］斯图尔特·巴恩斯（Stuart Barnes）编，阎达五，徐鹿等译．知识管理系统：理论与实务［M］．北京：机械工业出版社，2004．

［15］李作学．隐性知识计量与管理［M］．大连：大连理工大学出版社，2008．

［16］［美］戴布拉·艾米顿著，陈劲译．创新高速公路：构筑知识创新与知识共享的平台［M］．北京：知识产权出版社，2005．

［17］马费成，郝金星．概念地图在知识和知识评价中的应用（Ⅰ）——概念地图的基本内涵［J］．中国图书馆学报，2006，32（3）．

［18］马费成，郝金星．概念地图在知识表示与知识评价中的应用（Ⅱ）——概念地图作为知识评价的工具及其研究框架［J］．中国图书馆学报，2006（4）．

［19］马费成，郝金星．概念地图及其结构分析在知识评价中的应用（Ⅲ）——实证研究［J］．中国图书馆学报，2006（5）．

［20］马费成，张凌．基于认知地图的隐性知识表达［J］．图书馆论坛，2009（6）．

［21］郝金星．基于概念地图的结构性知识分析研究［D］．武汉大学博士学位论文，2007：44．

［22］冷晓彦．企业隐性知识管理国内外研究述评［J］．情报科学，2006，24（6）．

［23］施琴芬，崔志明，梁凯．隐性知识转移的特征与模式分析［J］．自然辩证法研究，2004（2）．

［24］赵涛，曾金平．企业隐性知识流动状态扩展模型分析［J］．科学学研究，2005，23（4）．

[25] 王娟茹，赵嵩正等．隐性知识共享模型与机制研究［J］．科学学与科学技术管理，2004，25（10）．

[26] 路琳．现代信息技术对组织中知识共享的影响研究［J］．生产力研究，2007（5）．

[27] 张毅，张子刚．企业网络与组织间学习的关系链模型［J］．科研管理，2005，26（2）．

[28] 陈向东，余锦凤．一种基于本体的知识组织工具［J］．情报理论与实践，2006（6）．

[29] 王平．实时化知识管理——企业实时化管理的快速反应［J］．图书情报工作，2006，50（4）．

[30] 陈红丽，郗英．基于过程分析的知识共享对策研究［J］．情报杂志，2007（7）．

[31] 龙飞，戴昌钧．基于组织共享心智模型的组织知识创新成果内部传播效率分析［J］．研究与发展管理，2008，20（4）．

[32] 赵文平，万海螺．企业知识创新的演化模型研究［J］．科技管理研究，2008（7）．

[33] 游正林．建构中的定量因果分析［J］．华中师范大学学报：人文社会科学版，2008，47（2）．

[34] 周宁，张芳芳，余肖生．可视化技术在知识管理领域的发展［J］．图书情报工作，2006，50（11）．

[35] 张会平．基于可视化技术的知识转化研究［D］．武汉大学博士学位论文，2008．

[36] 邓三鸿，金莹，杨建林．学科知识地图的构建——以图书、情报学为例［J］．情报学报，2006，25（1）．

[37] 杨楚欣．思达软件公司隐性知识管理策略研究［D］．中南大学硕士学位论文，2007．

[38] 谭可欣．企业隐性知识管理研究述评［J］．技术经济与管理研究，2007（5）．

[39] 谢幼如，宋乃庆，刘鸣．基于网络的协作知识建构及其共同体的分析研究［J］．电化教育研究，2008（4）．

[40] 马费成，王晓光．知识转移的社会网络模型研究［J］．江西

社会科学，2006（7）.

[41] 辛自强．问题解决成功后知识的微观建构［J］．上海教育科研，2006（4）.

[42] 陈悦，刘则渊，陈劲，侯剑华．科学知识图谱的发展历程［J］．科学学研究，2008（3）.

[43] 王曰芬，宋爽，苗露．共现分析在知识服务中的应用研究［J］．现代图书情报技术，2006（4）.

[44] 祝锡永，潘旭伟，王正成．基于情境的知识共享与重用方法研究［J］．情报学报，2007，26（2）.

[45] 许萍，陈锐．演化视角下的组织学习与惯例变异——企业动态能力的提升机制研究［J］．科技进步与对策，2009，26（12）.

[46] 冯军政，王文亮．战略共同体知识管理模型及其创新逻辑［J］．情报杂志，2009，28（5）.

[47] 龙飞，戴昌钧．基于组织共享心智模型的组织知识管理研究［J］．情报杂志，2007（1）.

[48] 陈荣虎．心智模型及其管理学意义［J］．现代管理科学，2006（6）.

[49] 倪旭东，张钢．作为思想挖掘工具的认知地图及其应用［J］．科研管理，2008，29（4）.

[50] 李实，苗原，刘志强，孙增圻．模糊认知图及其应用［D］//1999年中国智能自动化学术会议论文集（下册）．1999年.

[51] 翟东升，张娟，周娟．综合模糊认知图与BP神经网络的建模方法新探［J］．统计与决策，2008（4）.

[52] 王玉洁，王志良，王国江，陈锋军．基于模糊认知图的情感Agent模型研究［J］．计算机工程与应用，2007，43（17）.

[53] 汪成亮，李云峰．模糊认知图在物流中心选址中的应用［J］．计算机工程与应用，2006，42（13）.

[54] 翟东升，张娟．模糊认知图在上市公司信用风险评价中的应用［J］．统计与决策，2008（2）.

[55] 马捷,靖继鹏.知识转化模型分析与评价[J].情报科学,2006,24(3).

[56] 钱政.基于ANP方法的物流网络绩效评价模型[J].中国集体经济,2008(9).

[57] 李兴益.经营模式元件角色之分析[D].国立中央大学企业管理研究所硕士论文,July,2007.

[58] 范扬君.经营模式阶次区块之分析[D].国立中央大学企业管理研究所硕士论文,June,2007.

[59] 张桂芸,马希荣,杨炳儒.复杂系统模糊认知图的分解研究[J].计算机科学,2007,34(4).

[60] 高隽.智能信息处理方法导论[M].北京:机械工业出版社,2004.

[61] 杨亚萍,胡俊杰.模糊认知图在协同式医疗诊断系统中的应用[J].计算机工程与应用,2006,42(7).

[62] 骆祥峰.认知图理论及其在图像分析与理解中的应用[D].合肥工业大学博士学位论文,2003.

[63] 杨亚莉,姚远峰.企业培训中引发隐性知识的方法[J].中国人力资源开发,2007(12).

[64] 张先国.知识共享的经验研究:一个过程视角的评述[J].科技管理研究,2007,27(7).

[65] 陈庄,阿里·蒙特瑟密.基于数据资源的认知图挖掘方法[J].计算机学报,2007,30(8).

[66] 闻曙明,施琴芬.高校科研人员隐性知识的识别与管理评判标准[J].研究与发展管理,2007,19(4).

[67] 马凤娟,吴鹏飞,张从善.虚拟学习社区中个体隐性知识的建构[J].现代教育技术,2007,17(3).

[68] 卜心怡,刘潇潇,陈峰.基于动态模糊认知图的隐性知识定量化表示[J].情报学报,2007,26(6).

[69] 张桂芸,马希荣,杨炳儒.复杂系统模糊认知图的分解研究[J].计算机科学,2007,34(4).

[70] 游正林.建构中的定量因果分析[J].华中师范大学学报

（人文社会科学版），2008，47（2）.

[71] Micheal Eraut. Non-formal learning and tacit knowledge in professional work [J]. British Journal of Educational Psychology, 2000, 70.

[72] Scavarda, A., Chameeva, T., Goldstein, S., Hays, J., Hill, A.. A Methodology for Constructing Collective Causal Maps [J]. Decision Sciences, 2006, 37 (2).

[73] Tsadiras, A., Margaritis, K.. Cognitive mapping andcertainty neuron fuzzy cognitive maps [J]. Information Sciences, 1997, 101, (1).

[74] Eden. C, Ackermann, F., Cropper, S.. The analysis of cause maps [J]. Journal of Management Studies, 1992, 29 (3).

[75] Augier, M., Vendelo, M. T.. Networks, cognition and management of tacit knowledge [J]. Journal of Knowledge Management, 1999 (4).

[76] Lee, S., Courtney, J. F., et al. A system for organizational learning using cognitive maps [J]. International journal of management science, 1992, 20 (1).

[77] Eden, C.. On the Nature of Cognitive Maps [J]. Journal of Management Studies, 1992 (29).

[78] Silva, P. C.. New forms of combinated matrices of fuzzy cognitive maps [J]. Proceedings of IEEE International Conference on Neural Networks New York, 1995 (2).

[79] Kwahk, K., Kim, Y.. Supporting business process redesign using cognitive maps [J]. Decision Support Systems, 1999, 25 (2).

[80] Cortés, U., Martinez, M.. A conceptual model to facilitate knowledge sharing for bulking solving in waste water treatment plants [J]. AI Commun, 2003, 16 (4).

[81] Cossette, P.. Analysing the thinking of FW Taylor using cognitive mapping [J]. Management Decision, 2002, 40 (2).

[82] Suwignjo, P., Bititci, U. S., Carrie, A. S.. Quantitative models for performance measurement system [J]. International Journal of Production Economics, 2000, 64.

[83] Joseph Sarkis. Quantitative models for performance measurement systems-alternate considerations [J]. International Journal of Production Economics, 2003, 86.

[84] Robert, J. S., et al. *Practical Intelligence in Everyday Life* [M]. New York: Cambridge University Press, 2000.

[85] Huff, A. S., Jenkins, M.. *Mapping Strategic Knowledge* [M]. London: Sage Publications, 2002.

[86] Eden, C., Ackermann, F.. *A mapping framework for strategy making* [M]. In A. Huff and M. Jenkins (Eds), Mapping Strategic Knowledge Sage, 2002.

[87] Axelrod, R.. *Structure of Decision* [M]. Princeton, New Jersey, Princeton University Press, 1976.

[88] Tsoukas, H.. *New Thinking in Organizational Behaviour: From social engineering to reflective action* [M]. Baker & Taylor Books, 1994.

[89] Eden, C., Ackermann, F.. *Analysing and Comparing Idiographic Causal Maps* [M]. Managerial and Organizational Cognition. London: Sage, 1998.

[90] Ambrosini, V., Bowman, C.. *Mapping successful organizational routines* [M]. In A. Huff and M. Jenkins (Eds), Mapping Strategic Knowledge Sage, 2002.

[91] Axelrod, M.. *Structure of decision: The cognitive maps of political elites* [M]. Princeton University Press, 1976.

[92] Narayanan, V. K., Armstrong, D. J.. *Causal Mapping: An Historical Overview, in Causal Mapping for Research in Information Technology, Narayanan* [M]. Hershey: Idea Group, 2005.

[93] Jennifer, R.. Banxia Software Ltd. *An introduction to Decision Explorer* [M]. (Version 1.4), 2002.

[94] Banxia Software Limited. *Decision Explorer User's Guide Version* 3 [M]. Sage Publications Ltd, March 12, 1998.

[95] Nonaka, I., Takeuchi, H.. *The Knowledge Creating Company* [M]. New York: Oxford University Press, 1995.

[96] Klein, J. H, Cooper, D. F.. Cognitive maps of decision-makers in a complex game [J]. Journal of the Operational Research Society, 1982, 33 (1).

[97] Bryson, J. M., Ackermann, F., Eden, C., Finn, C. B.. *Visible Thinking: Unlocking Causal Mapping for Practical Business Results* [M]. John Wiley &Sons, Chichester, 2004.

[98] Sterman, J. D.. *Business Dynamics: Systems Thinking and Modeling for a Complex World* [M]. Irwin McGraw-Hill, Boston et al., 2000.

[99] Eden, C., Ackermann, F.. Strategic options development and analysis SODA-using a computer to help with the management of strategic vision, in: G. Doukidis, F. Land, G. Miller Eds. *Knowledge-Based Management Support Systems* [M], Ellis Horwood, UK, 1989.

[100] Nooy, et al. *Exploratory Social Network Analysis with Pajek* [M]. Cambridge U. Press, 2005.

[101] Saaty, T.. Decision Making with Dependence and Feedback: The Analytic Network Process [M]. RWS Publications, Pittsburgh, PA, 1996.

[102] Koskinen, K. U.. Hannu Vanharanta. The role of tacit knowledge in innovation processes of small technology companies [J]. Production Economics, 2002 (80).

[103] Noh, J. B., Lee, K. C., Kim, J. K., et al. A case-based reasoning approach to cognitive map-driven tacit knowledge management [J]. Expert Systems with Applications, 2000 (19).

[104] Albino, V., Garavelli, A. C., Schiuma, G.. Knowledge

transfer and interfirm relationships in industrial districts: the role of the leader firm [J]. Technovation Journal, 1998, 19 (1).

[105] Ikujiro Nonaka, Ryoko Toyama and Noboru Konno. SECI, Ba and Leadership: a Unified Model of Dynamic Knowledge Creation [J]. Long Range Planning, 2000 (33).

[106] Holsapple, C. W., Singh, M.. The knowledge chain model: Activities for competitiveness [J]. Expert Systems with Applications, 2001 (20).

[107] Claudio Garavelli, Michele Gorgoglione & Barbara Scozzi. Managing knowledge transfer by knowledge technologies [J]. Technovation, 2002 (22).

[108] Hendriks, P.. why share knowledge? The influence of ICT on motivation for knowledge sharing [J]. Knowledge and process management, 1999, 6 (2).

[109] Barrett, M., Cappleman, S., et al. Learning in Knowledge Communities: Managing Technology and Context [J]. European Management Journal. 2004, 22 (1).

[110] Sam Friedman. Knowledge Sharing Gives Agents an Edge [J]. National Underwriter, 1999, 103 (19).

[111] Nancy Dixon. The Neglected Receiver of Knowledge Sharing [J]. Ivey Business Journal, 2002, 66 (4).

[112] Jon-Arild Johannessen, et al. Mismanagement of tacit knowledge: the importance of tacit knowledge, the danger of information technology, and what to do about it [J]. International Journal of Information Management, 2001, 21.

[113] Tua Haldin-Herrgard. Difficulties in diffusion of tacit knowledge in organizations [J]. Journal of Intellectual Capital, 2000, 1 (4).

[114] Patti Anklam. KM and the social network [J]. KM Magazine, 2003 (8).

[115] Eden, C.. Analyzing Cognitive Maps to Help Structure Issues or Problems [J]. European Journal of Operational Research, 2004, 159 (3).

[116] Kosko, B.. Fuzzy cognitive maps [J]. International Journal of Man-Machine Studies, 1986 (24).

[117] Gharajedaghi, J. , Ackoff, R. L.. Mechanisms, organisms and social systems [J]. Strategic Management Journal, 2006 (5).

[118] Spicer, D. P.. Linking Mental Models and Cognitive Maps as aid to organizational learning [J]. Career Development International, 1998.

[119] Golledge, R. G.. Reflections on recent cognitive behavioural research with an emphasis on research in the United States of America [J]. Australian Geographical Studies, 2003, (2).

[120] Eden, C.. Using Cognitive Mapping for Strategic Options Development and Analysis (SODA) [J]. Rational Analysis for a Problematic World. Wiley: Chichester. 1990.

[121] Srinivas, V. , Shekar B.. Strategic decision-making processes: network-based representation and stochastic simulation [J]. Decision Support Systems, 1997, 21.

[122] Huff, A. S.. Mapping Strategic Thought [J]. In A. Huff (Ed), Mapping Strategic Thought, Chichester, Wiley. 1990.

[123] Luis Borges Gouveia. A brief survey on cognitive maps as humane representations. Porto: Universidade Fernando Pessoa. CEREM, 2004.

[124] Mohanmmed, S. , Klimoski, R. , Rentsch, J. R.. The measurement of team mental models: We have no shared schema [J]. Organizational Research Methods, 2000, 3 (2).

[125] Scavarda, A. , Bouzdine-Chameeva, T. , Goldstein, S. , Hays, J. and Hill, A.. A Review of the Causal Mapping Practice and Research Literature. Second World Conference on POM

and 15th Annual POM Conference, Cancun, Mexico, April 30-May 3, 2004.

[126] Rutkowski, A. F. , Smits, M. . Constructionist theory to explain effects of GDSS [J]. Group Decision and Negotiation, 2001 (10).

[127] David, P. T. , Steven, D. S. . Group cognitive mapping: a methodology and system for capturing and evaluating managerial and organizational cognition [J]. Omega, 2003 (31).

[128] Stylios, C. D. , Groumpos, P. P. . Fuzzy cognitive maps in modeling supervisory control systems[J]. Journal of Intelligent & Fuzzy Systems, 2000, 8 (2).

[129] Inwon Kang, Kun Chang Lee, Sangjae Lee, Jiho Choi. Investigation of online community voluntary behavior using cognitive map [J]. Computers in Hman Behavior, 2007, 23 (1).

[130] Goodhew G. W, Cammock, P. A. , Hamilton, R. T. . Managers' cognitive maps and intra-organizational performance differences [J]. Journal of Managerial Psychology, 2005, 20 (2).

[131] Florence Rodhain. Tacit to explicit: transforming knowledge through cognitive mapping-an experiment [J]. SIGCPR' 99, 1999, 4.

[132] Tsadiras, A. K. , Kouskouvelis Ilias. Using Fuzzy Cognitive Maps as a Decision Support System for Political Decisions: The Case of Turkey's Integration into the European Union [A]. In Lecture notes in computer science [C], Springer Berlin/Heidelberg, 2005.

[133] Bettoni, M. C. , Schneider, S. . Experience Management: Lessons Learned from Knowledge Engineering [J]. German Workshop on Experience Management, Berlin, March 7-8, 2002.

[134] Eden, C. . Cognitive Mapping: a review [J]. European Jour-

nal of Operational Research, 1988, 36.

[135] Morten, T. H. , Nitin Nohria, Thomas Tierney. "What's Your Strategy for Managing Knowledge?" Harvard Business Review, March-April, 1999.

[136] Tegarden, D. P. , Tegarden, L. F. , Sheetz, S. D. . Knowledge Management Technology for Revealing Cognitive Diversity within a Management Team [J]. Proceedings of HICSS, 2003.

[137] Borne, J. C. . Mitigating disaster: mapping cognitive processes in applying technology to crises [D]. Nicholls State University, May 2007.

[138] Nunzia Carbonara, Barbara Scozzi. Cognitive maps to analyze new product development processes: A case study [J]. Technovation, 2006, 26 (11).

[139] Colin Eden, Fran Ackermann. Cognitive mapping expert views for policy analysis in the public sector [J]. Operations Research, 2004, 44 (5).

[140] Amir, M. S. , Zahir Irani. Exploring Fuzzy Cognitive Mapping for IS Evaluation: A Research Note [J]. European Journal of Operational Research, 2006, 173 (3).

后　记

在论文即将成书之际，颇多感慨，竟然没有曾经期望、憧憬的成就感，涌上心头的却是本人深感学海无涯，仍需百尺竿头，继续努力。回首3年的博士生涯，有欢乐有艰辛，但我是很高兴和自豪的，正是这段经历使我的生活变得更加充实多彩，使我的求学生涯又多了一段让人难以忘却的记忆，感谢一路走来在学业上助我成长的良师益友，这份感恩的心将永远伴随着我。

首先要特别感谢我的导师马费成教授，在我刚进入武大的时候为我指明方向，引领我前行，并以他对事尽善尽美的态度给我树立了人生的榜样。我从选题到设计都得到马老师的悉心指导，在写作期间帮我树立信心，排除困惑，提出很多宝贵意见，在此感谢马老师对本书的指导以及他给予的批评指正。

感谢武汉大学信息管理学院董慧教授、陆伟教授、查先进教授、邓仲华教授、宋恩梅老师、王晓光老师、吴佳鑫老师等在我学习期间给予的帮助和指点以及在本书撰写中提出对理清研究思路十分有益的见解，让人受益匪浅。

感谢王众托院士、黄长著教授、靖继鹏教授、张玉峰教授、焦玉英教授、胡昌平教授等知名学者对本书的指导和建议。

武汉大学出版社詹蜜老师也给予了充分的支持，为著作的修改、定稿付出了辛苦的劳动。

博士学习期间，难忘和同门以及同班兄弟姐妹相处的美好时光，在学习上的探讨和私下的闲聊都让人心情愉快，感觉处于大家庭的氛围中，在此谢谢你们曾经给予我的帮助。

另外还要衷心感谢在武钢集团做调查研究中，给予我帮助的武钢各部门领导。还有许多一直支持和帮助我的好朋友们，感谢你们，这段友谊永远难以忘记！

同时要感谢我的家人，在我博士期间和怀孕之际给予了很多关怀和温暖。没有你们的理解与支持，我也不会这么顺利地完成学业。感谢我的女儿沈琳茜，在我肚子里陪伴我度过这段充实而又美好的时光。我会用我的爱感谢和回报你们。

本书虽告一段落，仍有很多遗憾，这正是我继续前进的动力。学习永远没有终点，却有很多起点。每个起点都很重要。认定了方向，就要勇往直前。我会继续努力，在知识管理领域再出新作。

张　凌
2011 年 3 月 3 日于武大珞珈山